上海市城市规划设计研究院

冶是建筑　　著

SHANGHAI PRACTICE OF SPACE UNDER BRIDGE RENEWAL

桥下空间更新
的上海实践

文汇出版社

目录

导言

导言

在上海鼓励土地混合利用、高质量发展的背景下，由上海市规划和自然资源局指导、原上海城市公共空间设计促进中心（现上海市城市规划设计研究院城市更新和公共空间促进中心，以下简称促进中心）于2018年和2019年推出的"行走上海——城市空间微更新计划"聚焦上海的桥下空间，通过试点方案征集的方式邀请设计师为如何"激活桥下空间"出谋划策。两年的方案征集共遴选发布了六个试点，涵盖了跨河桥引桥桥孔空间、轨道交通桥下空间和高架桥下空间等上海典型的桥下空间类型。征集活动引起了广泛讨论与积极响应，报名设计团队近400家，提交方案超过120个，来自不同设计专业的个人与团队共同参与到这场讨论中，空间使用者、城市管理者、运营者、设计者、研究者贡献了各自不同的观点。征集结果公布后，多个试点进入深化阶段，其中古北路、凯旋路试点的优胜方案"糖苏河"于2020年建成，立刻成为周边居民、行人生活中的一部分。"糖苏河"的实施与使用不仅证明了桥下空间的价值，探索了一条可行的路径，同样为高密度城市环境下存量空间利用打开了巨大的想象。

方案征集过程中收到了大量公众对上海桥下空间更新的留言，其中有需求、有建议，也有顾虑。多家媒体的关注与报道令话题热度进一步升高。桥下空间议题走出了小范围的讨论，走向了公众，带来了正向的推动作用。2020年至2021年，促进中心利用自媒体平台"上海城市空间艺术季"微信公众号发布了六篇以桥下空间为主题的文章，通过对其他城市建成案例的介绍和上海桥下空间使用状况的总结，以研究补充对实践的认识，也将上海正在开展的桥下空间更新放置在更广阔的背景中。

近年来，上海涌现出越来越多的桥下空间更新案例，这些案例代表了城市管理者、设计师对这座城市的深刻理解，对此类空间的创新探索，也将更新之后空间的管理、运营问题推到台前。如同桥下空间被擦去浮尘、被看见、被点亮，过去的几年时间中，我们目睹的是一个概念从尝试走向接受，走向普及，最终走向成熟的宝贵过程，也是上海在人民城市理念下开展城市更新的生动实践。

本书从构思到最终呈现有幸与这样的过程同步，不断涌现的优秀案例以及聆听参与者的感悟和思考，推动着我们进行了数轮定位和结构调整，最终将本书确定为一本既有研究，又有上海实践案例和全球对比案例的成果集合。

全书主要由三个部分构成：第一部分"城市更新语境下的桥下空间"首先从对剩余空间的观察开始，阐释此类空间向城市公共空间转化的潜力，以及它们与规划生成的空间相比所具备的独特生命力，通过分类的方式建立对上海桥下空间的基本印象。然后简要回顾了2018—2019"激活桥下空间"的征集过程与成果，总结了由试点征集带来的观念与实践上的转变。第二部分"上海的桥下空间实践"以上海近年来涌现的桥下空间实践为主要内容，依照桥下空间改造后的常见功能，将二十几个案例归纳为五类，即运动场地、全龄乐园、缓冲边界、交通服务和突破性功能。通过一手资料的收集和实地调研，为每个案例建立信息档案。同时，选择部分代表案例，还对设计师和策划者进行了采访，补充了案例背后的故事，希望通过这样的方式让有意参与桥下空间更新的读者快速找到开始的方式以及可参考的做法。第三部分"桥下空间的潜力"是对前两部分内容的延展。首先作为开放性的讨论，总结了包括设计者、运营者、城市管理者等不同视角下桥下空间更新的重点与难点。其次，引入包括东京、纽约、墨尔本等其他高密度城市桥下空间更新的案例，力图追溯这些改变发生的背景，以此建立与上海更新实践的比较。最后，尝试为后续的桥下空间更新提出几点原则。本书的附录部分中收录了上海至2024年完成的主要桥下空间更新项目，既是一份地图也是一份索引。此外，以图表的方式直观呈现了2018—2019年"激活桥下空间"征集参赛情况，并且梳理了两年六个试点的所有优胜方案与优秀方案。桥下空间更新的探索并不止于试点征集、建成项目或报道，所有得到的支持，经历的困难、质疑、反思都是这个过程的一部分，是宝贵的经验和财富。

城市更新语境下
的桥下空间

1.1 桥下空间作为一种剩余空间

城市的剩余空间

"剩余空间"的概念乍看之下有些陌生，但是一旦留意周边的环境，便不难理解"剩余空间"所指的对象以及这类空间产生的原因。剩余空间像城市中的间隙，它们是未被定义或使用的用地，有时是闲置的空间，有时是使用状态和使用时段上模糊的空间，无论如何，这些空间中都带有一种"不确定性"。过去的几十年间，各地城市研究者们用不同的名称来描述这种状态，包括：失落空间、闲置空间、口袋空间、余留空间、缝隙、中间带等[1]。之所以这么关注，是因为大家都看到了这种不确定状态中蕴藏的潜力，一种蓄势待发。

城市规划是城市长期发展所必需的条件，那么规划之下为什么仍然有剩余空间的存在呢？早在1980年代，学者罗杰·特兰西克（Roger Trancik）就以"寻找失落空间"为题，对剩余空间与城市发展的关系展开研究。这些未被定义、没有明显特征的空间同样是城市系统的一部分，其成因往往与规划后的实施建设以及城市管理方式有关[2]，或者说城市规划创造了大量实体空间中的层次，但是剩余空间恰恰是游走各个层次之间、少人问津却真实存在的现实。从空间形式上看，剩余空间大多是建筑物、基础设施等城市实体之间的空隙，比如两堵围墙之间的空间，比如建筑拆除后临时闲置空地，比如夹缝中的绿化带。这些空间的大小和权属各不相同，以含混的状态真实地存在着，也最容易成为人们主动占据、自发使用的场所。

高密度城市与桥下空间

　　高架桥下方的空间是典型的剩余空间，与其他空间类型相比，它有自己的独特之处。高架桥下方的空间通常较为宽敞，跨度大，沿着一个方向延伸。当桥底与地面的距离远时，空间的感受往往是空旷的；当桥底与地面距离近时，则会感受到压迫感。桥底高度、地面条件和周边环境决定了桥下空间可能发生的活动。"不同于桥面上行驶的匆忙，桥下是一个'松散'的空间，充满着不确定和可能性。"[3] 在全球各地，桥下空间都能提供一派鲜活、有趣的活动场景。相比于城市中那些有着明确空间定义和使用限定的场所，桥下空间在受限的条件下反而激发出更大的创造力和生命力，这也使得桥下空间成为一种独特的公共空间类型。围绕着城市中的剩余空间，全球不同城市已经积累了多项针对桥下空间的研究，名单上的城市有日本东京[4]、韩国首尔[5]、马来西亚吉隆坡[3]、泰国曼谷[6]等。不难发现，亚洲高密度城市构成了桥下空间利用的重要背景，也带来了有趣的使用方式，例如游乐场、临时商业、儿童活动空间等。对桥下空间的喜爱同样证明了在密集的城市环境中，通过对剩余空间的适应和调整，完全可以将不利条件转化为有利条件，使之成为被定义的公共空间以外的补充。

　　这个过程不仅是对空间的转变，同样为使用者建立了新的联系，剩余空间成为人们对话、交流发生的场所纽带。这决定了对桥下空间的研究和实践，必须在双重语境下展开——空间形态和空间品质是"硬件"，对使用、运营、管理方式的探索则是"软件"。

1.2 上海的桥下空间

上海桥下空间的分类

每座城市桥下空间的产生都与城市的扩张方式、基础设施的建设有着密切的关系。作为一座水系丰富、城市版图不断扩大的城市，"桥"的建设改变了上海的特征与形态，由跨河桥、高架道路和轨道交通形成了连通的网络，也以立体分层、横纵交错的结构覆盖着地表，形成了大量桥下空间。根据上海市道路运输局2020年的数据显示，上海市公路桥、高架桥、城市桥梁等桥洞共计3.2万个。[7]仅上海市中心城范围内的高架桥总长就达到300公里，形成了数量可观的桥下空间。[8]

仔细凝视这些桥下空间，它们有时沉默、极易被忽略，有时因为其封闭、昏暗令人不适，有时又因为富有创造性的使用而令人印象深刻。在构思"激活桥下空间"活动之初，研究团队就对上海桥下空间及其使用方式做了观察与记录，根据上海城市空间及桥下空间形态进行了三方面的分类分析，分别是**桥梁类型**、**空间类型**与**使用状况**。

桥梁类型

上海桥下空间涉及的桥梁主要包含**跨河桥**、**高架桥**和**跨线桥**三种类型，这三类桥梁设施与上海城市空间格局的形成息息相关。沿黄浦江、苏州河建设的桥梁带来了大大小小的桥荫桥孔空间，应纳入"一江一河"公共空间系统中进行整体思考。轨道交通1号线、3号线、4号线中部分区段采用地面以上的高架结构，进出站、交通换乘、站点商业等行为在此自然发生，伴随而来的是平面和立体的人车交通组织。外环、中环、内环形成环状高架道路，和东西向的延安高架路、南北向的南北高架路共同形成了四通八达的快速交通网络，这些高架道路及附属结构形成了复杂多变的桥下空间，应根据空间形态和周边环境进行具体分析。

空间类型

除了桥梁类型与结构外，桥下空间自身的空间形态和周边环境同样决定了可能的改造方式，包括**桥身覆盖的线状或点状空间**，**桥身覆盖下的外溢空间**，**站点及桥身覆盖的周边空间以及立交围合出的独立空间**。桥身覆盖下的线状或点状空间是最常见的情况；桥身覆盖下的外溢空间与前者不同，往往作为一种特定功能的附属空间出现，因此与周边地块的固有功能之间的关系更为密切。站点及桥身覆盖的周边空间经常作为通过型空间使用，往往涉及换乘、停车、商业等多重问题。高架围合出的空间则更为特殊，是城市路网中的"独立岛屿"，虽然交通复杂，结构高耸，但是独立的区域与客观的面积意味着极大的挖掘潜力。

使用状况

在对上海桥下空间的调研中发现，目前存在**已较好使用、低效使用、无使用**三种使用状况。典型的低效使用包括机动车及非机动车停车、绿化、市政、堆物等，此外还有半封闭、封闭、闲置的无使用状况。这两种情况代表了大多数桥下空间的状态，也使得少数自发使用的个例更加凸显，包括运动场、市场、换乘通道等。应当明确，空间的使用强度从来不是判断桥下空间是否有效使用的唯一评价标准，桥下空间的所在位置，交通状况，在户外活动、城市界面、停车等方面的需求都是重要的考量依据。

桥梁类型

分类	涉及设施	典型剖面

跨河桥

黄浦江（杨浦大桥、南浦大桥、卢浦大桥、徐浦大桥、奉浦大桥等），苏州河（外白渡桥、河南路桥、山西路桥、福建路桥、西藏路桥等二十余座）

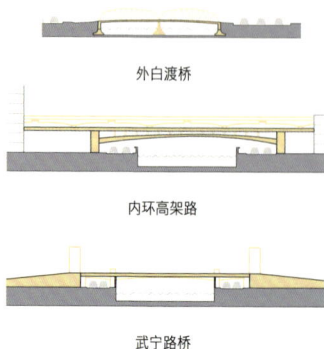

外白渡桥

内环高架路

武宁路桥

高架道路桥下空间

申字形高架（延安高架路、内环高架路、南北高架路、逸仙高架路、沪闵高架路），中环高架路，虹桥枢纽高架（虹桥枢纽快速通道、嘉闵高架路、北翟高架路、崧泽高架路等），罗山高架路、度假区高架路、华夏高架路、虹梅高架路等

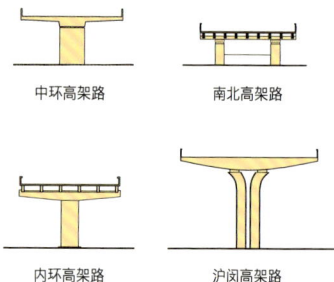

中环高架路

南北高架路

内环高架路

沪闵高架路

轨道交通桥下空间

轨道交通1号线（汶水路—富锦路），轨道交通3号线（石龙路—中潭路，宝山路—友谊路），轨道交通4号线（虹桥路—中潭路，宝山路）

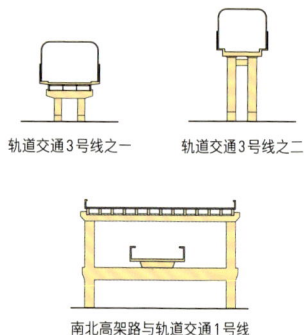

轨道交通3号线之一

轨道交通3号线之二

南北高架路与轨道交通1号线

典型案例

浙江北路桥

凯旋路桥

内环高架路（中山北二路段）

延安高架路（延安中路段）

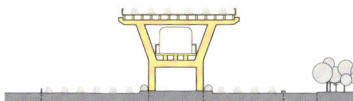

轨道交通1号线（共和新路段）

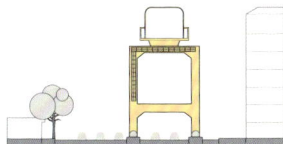

轨道交通3号线（虹口足球场站）

空间类型

分类	常见问题	典型桥下空间	典型平面
桥身覆盖下的线状或点状空间	无使用或低效使用	长宁区苏州河引桥桥洞空间，古北路桥	
桥身覆盖下外溢空间	作为特定功能的附属空间或延伸空间，该类空间通常处于被使用的状况，但是与主体功能的整合度不够	长宁区延安高架路新虹桥中心花园段	
站点及桥身覆盖的周边空间	作为通过型空间使用，该类空间周边通常涉及通行、换乘、停车、商业等多个问题	徐汇区轨道交通3号线宜山路站桥下空间	
高架围合出的独立空间	无使用或低效使用	苏州河中环桥下空间	

典型轴测 典型照片

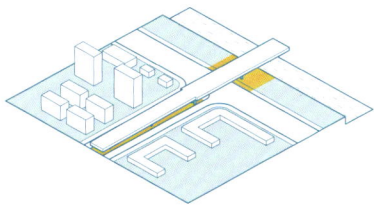 

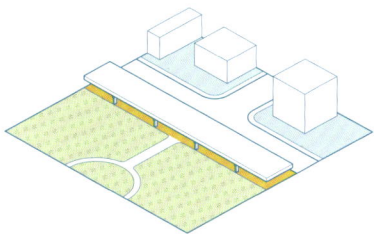 

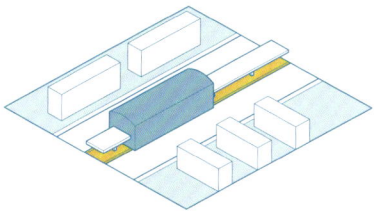 

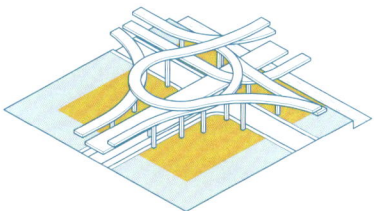 

使用状况

分类	典型场景1	典型场景2

已较好使用

运动场
（共和新路南北高架蕰藻浜段北）

菜场
（轨道交通3号线宝山路站 — 虬江路菜市场）

低效使用

机动车停车
（轨道交通3号线万安路段）

非机动车停车
（镇坪路桥下）

无使用

封闭
（改造前的中环高架路苏州河段）

封闭
（改造前的古北路桥）

典型场景3

典型场景4

换乘通道
(轨道交通3号线镇坪路站 — 换乘通道)

商业
(轨道交通3号线大柏树站 — 广纪路集装箱创客走廊)

绿化
(轨道交通3号线延安西路站)

市政
(轨道交通3号线中潭路站内环高架段)

封闭
(改造前的共和新路蕰藻浜段南)

通道
(改造前的轨道交通3号线华富小区段)

剩余空间的更新诉求

　　对上海的桥下空间做上述分类是为了更准确地理解此类剩余空间在改造上的必要性与可能性。尽管桥下空间给人的第一印象往往是灰暗、嘈杂、不舒适，与正常的城市功能格格不入，但是无论在社区生活单元中，还是在城市区域的尺度下，重新认识这些剩余空间都是必要的。早在2010年"基础设施城市化"(Infrastructure Urbanism) 概念提出时，作者托马斯·豪克(Thomas Hauck) 就写道："这些被归类为无用或有害的空间曾被人弃之不用，但是随着时间的推移会得到重新改造而具有日常用途。之后，这些再利用的空间不再只是因为缺少优质的公共空间而采取的临时措施，使用者们会发现这些空间的美学和功能潜力，再根据自己的目标进一步将空间活化。"[9]这个发现与活化的过程恰恰代表了一种曾经缺失，但是当下愈发凸显重要性的规划方式——重新认识存量空间的价值，并且赋予其合理的设计手段与转化路径。这个过程不仅保证了更新成果的品质，同样在摸索一条可行、可复制的路径，更重要的是，给未来的规划以启示，或许应该在规划初期就充分考虑到此类空间可能带来的影响以及更合理的处理方式。

　　从桥下空间自发性的使用中，我们已经看到了这类空间对城市生活的意义以及向公共空间转变的潜力。正是出于对这种价值的认可，桥下空间的更新实践关心的不只是空间的高品质呈现，即短期的"硬件"成果；而是如何实现有机更新的路径，如何围绕场地的需求与特征匹配最适宜的功能，以及如何可持续地对此类空间进行管理与运营，这些长期的"软件"支撑是更深层的挑战。近十年来，以东京、纽约、多伦多为代表的城市已经针对桥下空间展开了多种设计实验，在焕然一新的面貌背后，成因、需求和管理方式上的多样性同样具有参考价值，能帮助我们更好地理解上海与中国其他城市桥下空间的独特性和复杂性。[10]

1.3 2018—2019年 "激活桥下空间"方案征集

以试点破冰的意义

2015年发布的《关于进一步加强本市桥梁桥下空间管理工作的实施意见》中的第一条为"严格规范桥孔使用",明确"(一)本市桥梁桥孔只能用于设置符合规定的公共设施。依据相关规定,桥孔的使用只限于临时用于设置绿化、设置道班房(养护基地)或者停放车辆"。

在这样的前提下,如何改变对桥下空间的使用方式和刻板印象?从2016年开始的"行走上海——城市空间微更新计划"(以下简称微更新计划)就是以试点探索、理念先导的方式推动了"微更新"理念的传播以及大量项目的实施。[11]其中2018年至2019年连续两轮发起的桥下空间微更新计划有其特殊性与复杂性,其中有对安全性和舒适性的顾虑,也涉及协调多个管理主体,无疑非常具有挑战性和探索性。

征集情况回顾

　　试点计划自2018年初开始筹备，经历了前期相关部门的对接和可行性研究后，于3月先后发布了第一轮方案征集活动以及三个试点的任务书。这三个试点都在长宁区，分别是延安路高架、新虹桥中心花园段，轨道交通3、4号线凯旋路段以及苏州河沿线引桥桥洞空间（内环高架、凯旋路桥、古北路桥、威宁路桥）。同年5月汇总征集方案，在经历了初评、终评之后，各个试点决出优胜方案一个，优秀方案两个。其中，苏州河沿线试点的优胜方案是由SATUN卅吞团队提交的"糖苏河"，被选为最终实施方案。2020年建成之后，成为令人眼前一亮且广受欢迎的活动空间。

　　第二轮桥下空间试点方案征集于2019年夏天发布。与前一年相比，2019年的试点涉及区域范围更广，问题也更复杂。三个试点包括虹口区轨道交通3号线虹口足球场站桥下空间，普陀区苏州河引桥桥洞空间（古北路桥、祁连山南路桥）以及徐汇区轨道交通3号线宜山路站桥下空间。8月征集方案完成初评、终评，各个试点决出优胜方案一个，优秀方案两个。其中的古北路桥试点有意补全2018年试点的北岸，力求在古北路桥南北两岸和沿线空间形成更完整的格局。

　　两年征集活动，六处试点项目，基本上涵盖了桥下空间的各种类型。各项目任务书中都没有对桥下空间的功能做出明确要求，而是在设置了基本底线之后，鼓励设计团队从实际状况出发，对桥下空间功能和需求进行开放性的研究。这一方面的确为试点征集打开了更多思路，激发了空间的更多可能性，但另一方面也造成方案评审和比选中的困难，不少方案较难建立统一的评判标准。

　　征集活动的情况同样值得一提。2018年报名团队达265家，最终提交方案94份。2019年报名团队100家，最终提交方案37份。参与征集的团队主要包括设计机构、独立设计师、相关专业的学生这三大类。参赛团队的专业背景集中在建筑、景观、环境艺术等领域（详见附录）。

年度	试点名称	选点位置

长宁区延安路高架新虹桥中心花园段

长宁区轨道交通3、4号线凯旋路段

2018

长宁区苏州河沿线引桥桥洞空间（内环高架、凯旋路桥、古北路桥、威宁路桥）

现状照片	空间类型	核心问题
	高架道路 桥下空间	1、人行与停车流线交叉 2、空间辨识度低 3、桥下节点空间使用效率低
	轨道交通高架 桥下空间	1、轨交换乘与其他流线交叉 2、桥下线性空间使用效率低
	跨河桥引桥 桥洞空间	1、人行流线受阻 2、环境品质不佳 3、桥下线性与节点空间使用效率低

年度	试点名称	选点位置

虹口区轨道交通3号线虹口足球场站

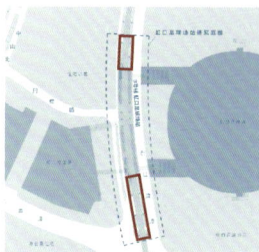

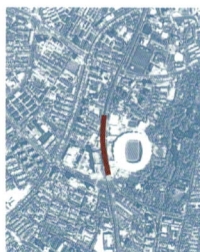

普陀区苏州河引桥桥洞空间（古北路桥）

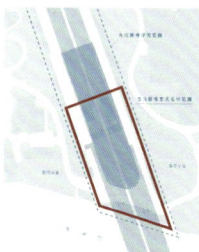

2019

普陀区苏州河引桥桥洞空间（祁连山南路桥）

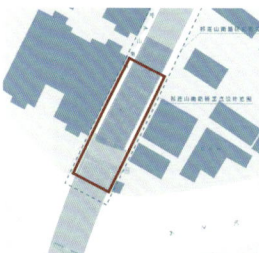

徐汇区轨道交通3号线宜山路站桥下空间

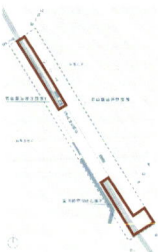

现状照片	空间类型	核心问题
	轨道交通高架桥下空间	1、轨交换乘、公交、人行、车行等多条流线密集交叉 2、平时与赛时使用需求差异大 3、缺少标识导引 4、环境品质需优化
 	跨河桥引桥桥洞空间	1、未纳入苏州河沿岸公共空间贯通一同考虑 2、环境品质不佳 3、桥下空间与腹地延伸空间使用效率低
	轨道交通高架桥下空间	1、轨交换乘、公交、人行、车行等多条流线密集交叉 2、未对周边社区形成整合考虑

征集引发讨论

　　两轮的征集活动，引发了社会的广泛讨论，这些讨论大多集中在桥下空间的基础条件、存在问题、改造方式和功能策划等，还尚未涉及实施和运营方面。例如在存在问题方面，所有桥下空间普遍存在环境品质欠佳、利用低效、通行不便等问题；在涉及轨道交通高架桥试点时，往往伴随着交通组织、通行安全等问题。对这些问题的聚焦，同样预示了桥下空间在区域中能起到的作用，包括打通交通断点、引导路线、释放户外活动空间等。在功能策划上也呈现出几个集中的类型，包括：公共空间、运动场地、停车、商业、驿站等，这也代表了桥下空间有条件且适宜提供的主要功能，可作为周边薄弱功能的补充。

　　两轮征集活动的评委专家涵盖了市、区两级相关单位，试点管理单位或业主单位，以及不同学科的专家等。评委们的意见建议也集中在几方面，包括：更新的可操作性、使用的安全性，以及环境提升、形象提升、交通组织等，尤其是在实施层面的担忧和提醒，对于管理部门和设计师来说都是有益的学习机会。

1.4 从微更新试点开始

试点推动改变

位于苏州河沿线长宁区段的引桥桥孔，即古北路桥和凯旋路桥的优胜方案"糖苏河"经历了三年的方案深化、部门协调、立项实施，于2020年率先建成。"糖苏河"为苏州河边带来了红黄亮色，以轻巧介入的方式创造了小型公共活动空间，成为周边居民和过路人群可游可憩的去处。

项目的落地以及好评，使大众快速接受了"桥下空间是可以被很好利用"的观点。2020年，基于"糖苏河"的成功经验，长宁区启动了苏州河中环桥下空间的更新。项目总面积达3.5万平方米，将曾经封闭、灰暗的立交桥下空间转变为集合了运动场地、公共绿地、驿站、市政配套等的公共开放空间。2022年，以苏州河沿线的古北路桥、凯旋路桥和中环桥下空间更新项目为代表的长宁区桥下空间集约开发节地模式成功入选国家自然资源部办公厅发布的《节地技术和节地模式推荐目录（第三批）》，也是当年上海市唯一入选的案例，[12] 为高密度城市更多类型的消极空间和存量用地更新提供了示范样本。

这些项目的落成也推动了桥下空间建设和管理方式的转变。2021年，经上海市政府同意，上海市城市管理精细化工作推进领导小组办公室、上海市住房和城乡建设管理委员会、上海市交通委员会、上海市道路运输管理局联合印发了《关于桥下空间品质提升工作的指导意见》（下文简称《意见》）。《意见》中提出了以"安全运行、形象提升、环境融合、复合利用"的原则指导上海桥下空间品质提升工作，为更多桥下空间的更新利用打开了大门。

更多建成案例的探索

随着示范效应的不断扩大,近年来上海涌现了越来越多的桥下空间更新案例。除了一些点状空间案例外,还有一些线性空间利用案例以及桥下与周边街区联动更新的案例。同时,这些案例逐渐覆盖更多样化的使用功能。例如苏州河中环桥下空间为城市提供了大量运动场地,同样还有普陀区中环篮球公园、新虹桥中心花园等;在位于徐汇区的数字文旅中心项目中,则利用桥下空间做到了城市界面的开放;锦江乐园站桥下空间则提供了更清晰的交通引导;在GO Parking的一系列停车场中则尝试了数字化管理桥下空间的模式。上述内容将在本书的第三部分集中呈现。

以2018年"激活桥下空间"试点征集活动为起点,桥下空间作为一种空间类型真正进入城市更新、城市管理讨论的范畴。2018年以后,以"桥下空间"为主题的研究数量直线上升,可以视为试点征集活动产生的直接影响,研究涉及的对象、研究方法、可能结论都得到了极大的拓展,讨论的议题也呈现出更强的针对性。[13] 近年来,昆山、无锡、北京等地相继编制了桥下空间利用设计导则,宁波五乡987高线公园、深圳西湾-前海湾慢行公共空间相继建成,不同城市纷纷展现了不同桥下空间利用的可能性。在目前桥下空间优先满足人群活动空间需求的基础上,我们也更期待其在产业发展、生态修复、安全韧性等方面作出更多尝试。

注释：

[1] Covatta, A., Ikalovic, V. Urban Resilience: A Study of Leftover Spaces and Play in Dense City Fabric. Sustainability, 2022, Vol.14:13514.

[2] Trancik, R. Finding Lost Space. New York: Van Nostrand Reinhold Company, 1986.

[3] Qamaruz-Zaman, N. et al. Opportunity in Leftover Spaces: Activities Under the Flyovers of Kuala Lumpur. Procedia - Social and Behavioral Sciences, 2012, Vol.68: 451-463.

[4] Covatta, A. Tokyo playground: The interplay between infrastructure and collective space. Sociology Study, 2017, Vol. 7: 205-211.

[5] Nam S., Kyu L. J. A study for utilization of under space of urban bridge. Journal of Korea Intitute of Spatial Design, 2012, vol.7:43-52.

[6] Nunma, P., & Kanki, K. Playing under the flyover in Bangkok from the children's point of view. Journal of Asian Architecture and Building Engineering, 2021, Vol.21: 865–883.

[7] 王娟, 陈敏. 为 "灰度空间" 注入色彩. 中国自然资源报, 2022-02-28(003).

[8] 高架桥下只有冰冷潮湿的 "死角"? 上海广发英雄帖征集设计方案, 让桥下空间靓起来 [EB/OL]. 上观新闻, https://www.shobserver.com/wx/detail.do?id=82243[2018-03-10]

[9] Huack, T.et al. Infrastructural Urbanism: Addressing the In-between. Berlin: DOM Publishers, 2011.

[10] 2020年, 在 "上海城市空间艺术季" 的微信公众号上发布了 "桥下空间" 专辑, 专辑是对 2018—2019 年 "激活桥下空间" 竞赛的总结, 进一步借助国际案例拓宽视野。其中, 专辑的第一、二、三篇分别介绍了日本、美国和以加拿大多伦多、澳大利亚墨尔本等为代表的国际案例。微信专辑见 https://reurl.cc/945N10

[11] 2016年, 上海市规划资源局、上海城市公共空间设计促进中心(后更名为上海市城市规划设计研究院城市更新和公共空间促进中心) 推出了 "行走上海——城市空间微更新计划"。"微更新计划" 是试点探索、理念先导的重要推动平台, 以居民最为熟悉的社区为对象, 挖掘以社区空间、街道空间、桥下空间为代表的不同类型存量空间作为每年的竞赛试点, 探索更新的方法路径, 总结经验以形成示范引领效应。

[12] 自然资源部办公厅关于印发《节地技术和节地模式推荐目录(第三批)》的通知 [EB/OL]. 中华人民共和国自然资源部, http://gi.mnr.gov.cn/202202/t20220218_2728931.html[2012-01-28]

[13] 根据知网搜索结果, 2017年 "桥下空间" 相关研究为9篇, 2019年升至19篇, 2023年达33篇, 研究涉及城市覆盖上海、成都、重庆、宁波、深圳、北京、天津等地。

上海的
桥下空间实践

本书的第二章介绍上海20多个桥下空间建成案例。这些案例的建设背景、建设条件不尽相同，设计理念各有特色。上海的城市空间结构与基础设施的建造相互影响，从而形成了"申"字结构的高架骨干，以轨道交通3号线为代表的高架轨道，以及一江一河的跨河桥梁。相应的，也造就了类型多样而独特的桥下空间。在当今高密度城市建成区、土地资源稀缺的背景下，桥下空间的更新往往需要兼顾多种需求，更加趋向复合化的功能使用。基于这些案例各自的空间条件、更新功能和使用方式等因素，本章归纳了五种类型，以便更好地认知这些案例在更新中如何回应城市空间特征、服务市民需求和发挥的综合效应。

2.1 动起来！桥下空间植入运动场地

对于上海这样一座高密度城市而言，15分钟社区生活圈内的户外活动场地尤为珍贵。巧借桥荫空间的净高与平面尺度，嵌入运动场地的做法在上海早已有之。近年来，以苏州河中环桥下空间更新为代表的案例，标志着桥下运动空间的服务品质进一步提升，也让更多人接受了这种使用方式。

2.2 乐开怀！桥下空间变身全龄乐园

面向各个年龄层的户外活动空间是社区生活的重要载体，也是幸福感的来源。与运动场地类的更新相比，全龄活动空间体现出更强的空间适应性：前者对桥下空间的净高和平面尺寸有要求，后者则更注重对周边人群需求的回应。这种介入往往是轻质化的，包括场地平整、安全、适度美化，植入活动装置、城市家具、灯光照明等。

2.3 敞开来！桥下空间柔化边界地带

高架桥和轨道高架穿越城市建成密集区，常常出现桥体紧邻功能用地、跨越人行道或车行道上方的情况，产生了割裂的城市空间。桥下的边界地带不仅是其空间和功能的外延，也是人们感知周边地区的"第一印象"，不能把桥下空间与周边分开孤立来看，桥下空间的连续性、街道界面的完整性都是需要关注的。

2.4 向前迈！桥下空间服务城市交通

桥下空间是城市交通服务品质提升的潜力资源。一方面，在平面上看似走向合理的立交，在三维空间中产生复杂的桥体结构，与地面路网存在冲突，需要从人的视角和体验出发，改善地面交通的连续性。另一方面，桥下空间也成为就近设置停车场和公交站点的选择之一，在智慧技术的支持下，这些市政服务也能更加人性化。

2.5 脑洞开！桥下空间还有更多可能

上海的桥下空间更新案例中出现了更为突破性的尝试，包括植入公益服务性的建筑设施，其建造品质与技术体系完全可以与公共建筑媲美，也包括这些设施投入使用后的运营探索。这些案例都预示着桥下空间还有更多可能性等待去发掘。

2.1 动起来！桥下空间植入运动场地

苏州河中环
桥下空间更新

项目名称：苏州河中环桥下空间更新

地址：上海市长宁区北翟路72号

涉及基础设施：中环高架路（北翟路段）、北翟高架路

空间类型：高架道路桥荫及围合空间

基地面积：3公顷

桥下空间面积：3公顷

桥下空间功能：运动场/市政用房/滨水步道

建设主体：上海市长宁区交通管理中心

设计单位：上海翡世景观设计咨询有限公司

设计与建成时间：2020.5—2021.7

照片及图纸提供：上海翡世景观设计咨询有限公司

基地概况

苏州河中环桥下空间更新项目位于长宁区北新泾街道的东北部，是中环高架桥（北翟路段）与苏州河南岸的交会点。作为长宁区人口密度最高、人口老龄化程度较高的街道之一，北新泾街道辖区内老旧小区众多，但公共绿地较少，又多集中分布在苏州河一带，因此，居民对公共空间的需求迫切。基地被中环立交桥、北横通道、真北路跨河桥等多个桥体交织，长期封闭、闲置，虽然面积巨大，对社区而言但又无法使用。同时，北翟高架路的地面道路路幅较宽，双向四车道、多条绿化隔离带、多个下匝道出口，阻断了滨河空间与腹地居住小区的连接，居民需要绕行很远才能找到过街通道达到滨河空间。因此，苏州河中环桥下空间更新承担着两个明确的任务：这里既是服务周边居民、补充复合化公共空间的重要载体，又是提升区域慢行系统的通达性关键节点。

桥下的篮球场

改造前

改造后

设计策略

多条高架在此处纵横交错、标高复杂，按照中环高架与北翟路的走向，基地被划分成四个象限场地，既需要整体考量又需要分区引导、有步骤地推进。与其他桥下空间类似，改造前的基地给人不想主动接近的第一印象，设计团队意识到这可能是高架下看似杂乱的柱子和墙体、尴尬的空间尺度和周围复杂的交通因素造成的。如何将不利转变为有利，反而成了设计团队的破题之道。设计团队选择用鲜明的配色和突出的动物主题使得几个原本分离的场地强化整体联系性，主动为每个场地创造一种身份属性：火烈鸟、猎豹和斑马分别对应北区、西区和东区。整体化的色彩与穿插其中的动物形象一改桥下空间的灰暗印象，运动场、滨水休闲、照明亮化、公共停车等基本功能被融合到景观中。以火烈鸟区为例，大面积色块和几何图案赋予了原本粗砺的水泥柱以可爱的特质。围绕桥柱的旋转楼梯是标志性的打卡点，沿此盘旋而上通向屋顶平台，整个苏州河的美景尽收眼底。

0 10   30   60M

基地总平面及分区

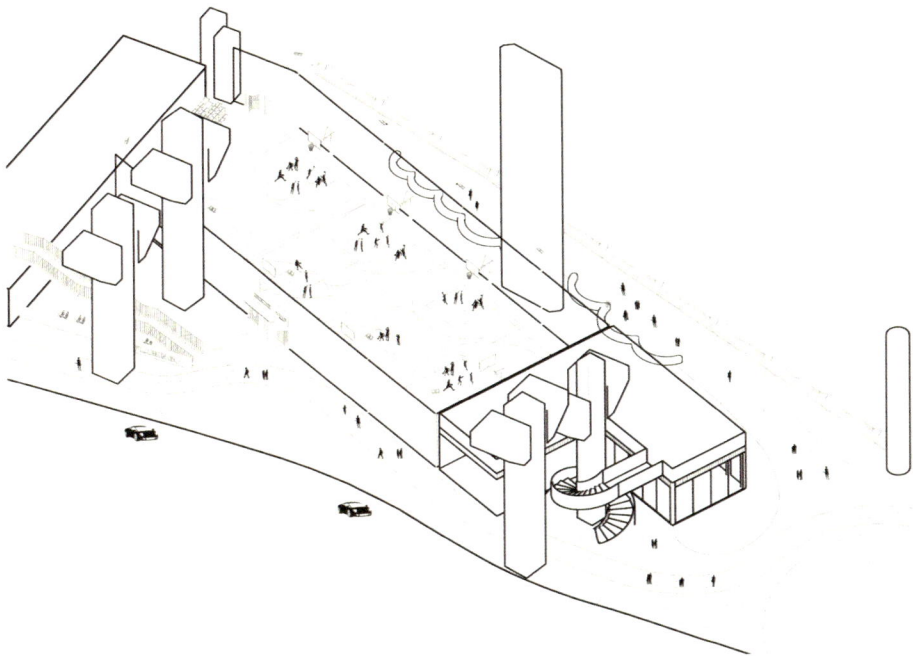

上：火烈鸟片区轴测
下：火烈鸟片区沿河步道

运营与使用

北区的粉色"火烈鸟"场地于2021年元旦最先投入使用，篮球公园等设施立刻吸引了大量运动爱好者。同年6月底，黄色"猎豹"和黑白"斑马"场地的公共通行区开放，7月底，场地中的体育设施也投入使用，提供了多个篮球场、足球场、棒球场等场地，也为更多其他的户外运动留出开敞空间。这些空间与公共绿地、健身步道、休闲驿站、市政配套设施等自然衔接，不仅带来丰富的空间体验，更大大提升了区域慢行系统的通达性，精心的景观生态设计使原本被遗忘的灰色空间成为苏州河远近闻名的亮点与热点。

据统计，苏州河中环桥下空间增加公共开放空间面积共约18100平方米，其中，体育场馆面积5630平方米，配套服务设施面积1885平方米。值得一提的是，在这个更新项目中采用政府与市场合作模式来建设和运营相关设施，通过引入洛克公园的品牌，负责体育场馆、服务中心和苏河驿站等项目建设和运维，尝试智慧球场管理模式，既创新了土地供应方式，又激发了市场主体的活力。这片曾经无人问津的土地最终被交还给市民，为市民所用所爱，也为周边区域的生活质量带来质的提升。

运营方洛克公园

上：猎豹片区使用现状
下：改造后的斑马片区立柱

斑马片区使用现状

"设计的关键词，我想是童心吧"
苏州河中环桥下更新设计师潘山访谈

Q 能介绍下苏州河中环桥下更新项目的缘起吗？

A 那要从规划开始讲起了。最早是长宁区建交委在梳理这个路段时发现中环立交桥下的投影面积很大，但是没有任何功能，之后长宁区规划局开始介入。一开始的想法比较简单，想用景观的方式把这片空地美化下。这当然已经是非常普遍的做法，你看上海那么多立交桥下都会做景观绿化，但是给市民的参与感不强。我们的初衷是避免做成人们无法进入的纯景观绿地，在这个区域里创造公共空间才是合适的做法，因此是带着这样的观察和判断开始着手项目的。还有一个条件是，这块空地是建交委的管理范围，没有硬性的绿化指标要求，这为项目带来很大的探讨空间。

Q 做成运动场地是一开始就有的设想吗？

A 我们在设计开始的阶段考察了周边需求，当时就构想了很多和运动相关的内容。之后引入了洛克公园品牌，桥下空间的一部分将作为洛克公园北新泾馆，那么各种功能就进一步明确了，包括篮球、足球、滑板等运动形式，围绕这些内容布置场地。在洛克公园以往的项目经验中，优先考虑场地设计适应不同的运动形式，而对视觉形象、景观塑造没有那么强烈的需求，但我们的工作恰恰是把那些面向公众的功能和运动需求整合好。大家对桥下空间的普遍印象是灰暗的、吵闹的，这些以往没人要去的空间怎么变得吸引人，这是个核心问题。所以要我用一个关键词去总结的话，我会用"童心"，需要点童心才能有想象力。

Q 这也决定了设计策略和设计手法。

A 随着设计的推进，这些概念很自然地出现了：动物代表了活力，色彩转变了桥下空间的负面印象。这对于洛克公园来说也是有启发的，以往他们的场馆更偏向于功能性，但是中环桥下空间这些艺术化的场馆成了洛克的品牌名片，大大提升了洛克品牌的公众认知和宣传推广。最重要的是，在这个项目上业主没有做风格上的预设，给了我们很大的自由度做出这些富有童心的设计。业主的意识固然重要，但是"想做"和"知道怎么做"是两码事，这点在市政类的项目上尤其明显。建筑市场已经能接受多元化的合作设计方式，比如设计师专注于想法与创意，设计院提供技术上的支持。但是在市政项目上还没有形成这样共识，或者说设计的价值还没有被完全认可。这次在苏州河中环桥下空间更新的项目里，设计真正提升了空间的品质，也超越了以往的纯景观绿地。最重要的是甲方需要这样的视野和高度，还有与设计师之间的认可。

洛克中环
篮球公园

项目名称： 洛克中环篮球公园

地址： 上海市普陀区真北路云岭西路路口以南

涉及基础设施： 中环高架路（云岭西路以南、苏州河以北段）

空间类型： 高架道路桥荫

桥下空间功能： 运动场（16片标准篮球场、
3片五人制足球场、2片标准网球场）

摄影：北北

洛克中环篮球公园平面示意

2021年5月，洛克中环篮球公园投入运行。篮球公园所在的位置在中环高架桥的真北路段，与洛克公园首次尝试以桥下空间运营体育场馆的北新泾馆隔着苏州河遥遥相望。与后者利用高架道路围合出的桥下空间不同，这个基地被完全覆盖在直行干线的高架下方，形成了一座线性运动场。改造之前，这段长达400米的桥下空间曾经是周边居民避之不及的垃圾清运车停放点。

中环篮球公园的选址与建设既与苏州河两岸贯通工程相关，也与加强全民健身场地设施建设的号召相关。2021年，《上海市运动促进健康三年行动计划（2021—2023年）》正式发布。作为全国首个探索运动促进健康新模式的专项计划，文中提出充分利用城市"金角银边"，支持各区及社会力量因地制宜布局各类健身设施，拓展市民健身空间。

在前期多方调研并且综合考虑空间大小、净高、安全性等因素之后，中环高架桥真北路段桥下空间成为实现"金角银边"运动场地的潜力点。据报道，该项目的推进过程中尝试了跨部门合作机制，将闲置空间资源的所有权、使用权、管理权等诸多问题一一解决。由洛克公园品牌统一规划、精心设计，桥下空间得到充分利用，植入16片标准篮球场、3片五人制足球场、2片标准网球场，成为用地复合化改造的经典案例。便利的地址位置和齐全的场地设备，使中环篮球公园开业之后立刻成为运动爱好者们的又一个打卡点。

城市道路视角的中环篮球公园

新虹桥中心花园及
洛克公园

项目名称： 新虹桥中心花园及洛克公园
地址： 上海市长宁区延安西路2238号，近娄山关路
涉及基础设施： 延安高架路（新虹桥中心花园段）
空间类型： 高架道路桥荫
桥下空间功能： 入口广场/停车场/运动场（4片篮球场、2片足球场）

摄影：北北

新虹桥中心花园及洛克公园平面示意

新虹桥中心花园用地呈三角形，北侧最长边紧邻延安高架路，因为桥下空间遮风避雨的条件优势，自2000年开园以来，这段空间一直作为公园北入口集散广场和停车场使用。2018年"行走上海——城市空间微更新计划"的"激活桥下空间"试点方案征集将其作为试点点位之一。前期调研和征集的方案对此处桥下空间的问题做了充分的分析，如人车混行，功能单一，空间利用效率不高，环境品质有待提升等。与此同时，公园北邻多座办公楼，南接虹桥路及古北国际社区，是周边白领、居民日常穿行的重要通道，人流量大和人群结构多样也使得桥下空间的功能需求更为复杂。

公园北入口的改造总面积约2万平方米，涉及内容包括：原先人车混行的出入口改为人行出入口，将车行出入口向东迁移约150米，实现人车分流；公园入口拓宽以适应更大的人流量，行人出入也更为安全、舒适；普通车辆和团队大巴集中沿延安西路停靠，留出了更宽裕的空间承接从虹桥开发区方向进入公园的人流。在前期调研中，周边白领和居民都提及虹桥开发区一带的户外体育设施不足，建议可以在桥下空间增设体育场地。这样的诉求也改变了桥下空间以往

的单一功能，开启对土地的集约高效利用的尝试。入口以西的 3000 平方米空间再次引入洛克公园品牌，植入了4片篮球场和2片足球场。与北新泾馆实现运动功能和景观融合设计的做法不同，新虹桥中心花园的运动场有绝佳的公园作为背景，桥下的方寸之地被尽可能充分地利用作为运动场，将体育功能的提升放到了首位。有了先前的改造经验，洛克公园在这个项目的球场改造用时仅3个月，建设速度、设备规模和球场质量都有所提升，对运动场改造的高度需求和材料也更有心得。此外，在公园入口和大草坪的衔接处还设置了一处扇形的运动驿站，为游客和运动者提供更衣、储物、室内健身器材等更到位的配套服务，免费向市民开放。

从公园的方向可以看到，高架、古树和运动场的景象相得益彰。公园所在的虹桥开发区已有40余年历史，公园开园至今也已有20余年，有不少树龄可观的乔木，在植入运动场时如何避让古树也是重要的问题。设计师介绍说，为了避让一棵三根树干环抱的古香樟，球场规划向西偏移，面积也比标准球场略有"缩水"。正是这场堪比"复杂空间的小手术"，使得新虹桥中心花园的运动场地与绿地乔木无缝衔接，也真正焕新了一座满足不同人群、不同需求的全龄城市公园。

桥下的足球场

上：桥下的篮球场

下：篮球场与绿地乔木无缝衔接

九回运动场

项目名称： 九回运动场

地址： 上海市虹口区虹江路宝通路路口西北侧，黄浦区中山南一路890—1号，黄浦区鲁班路局门路路口西南角

涉及基础设施： 轨道交通3号线、内环高架路、卢浦大桥等

空间类型： 高架道路桥荫、跨河桥桥荫

桥下空间功能： 运动场

摄影：北北

四川北路市民球场平面示意

早在2018、2019年为"激活桥下空间"试点方案征集做前期调研时，笔者就注意到上海已有不少桥下空间作为球场使用，其中就包括位于虹江路宝通路路口、轨道交通3号线下方的篮球场，位于中山南一路鲁班路路口、内环高架路下方的篮球场等。尽管当时桥下空间更新利用的概念尚未普及，但是这些自发的复合利用显得如此轻松、自然，也为周边居民解决了户外运动场地的需求。如今，上述两处空间以及鲁班路局门路路口西南角、卢浦大桥下方在内的多处桥下运动场地由九回体育统一管理，采用线上智能管理和线下运营相结合的服务方式。九回体育倡导"公益收费、共享球场、健身自由"的理念，桥下空间及城市中其他长期被忽视的"灰空间"无疑是合适的选址，这些空间也正需要以九回为代表的"互联网＋物联网"的智能管理模式，确保运动场能够以良好的状态长期运营。

四川北路市民球场

上：世博林市民球场平面示意
下：市民在世博林市民球场运动健身

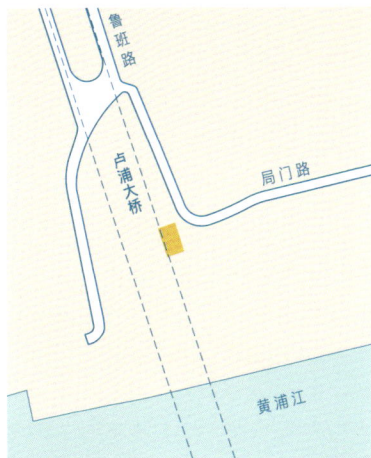

上：局门路市民球场平面示意
下：市民在局门路市民球场运动健身

聚动力河畔球场

项目名称： 聚动力河畔球场

地址： 上海市黄浦区卢浦大桥浦西广场，近鲁班路

涉及基础设施： 卢浦大桥（鲁班路段）

空间类型： 跨河桥桥荫

桥下空间功能： 运动场（1片7人制足球场，1片5人制足球场）

摄影：北北

在卢浦大桥、世博园周边聚集了不少运动场地，位于卢浦大桥下浦西广场的聚动力河畔球场就是其中一处。一方面，球场被卢浦大桥的主桥完全覆盖，使得场地几乎免受烈日暴晒和风吹雨淋的影响，几乎可以媲美室内场地。另一方面，卢浦大桥标志性的一跨过江全钢拱桥结构，也成为球场的绝佳背景。

聚动力河畔球场平面示意

上：卢浦大桥结构成为球场的绝佳背景

下：少年儿童在球场运动训练

2.2 乐开怀！桥下空间变身全龄乐园

凯旋路、古北路桥下空间更新

项目名称： 凯旋路、古北路桥下空间更新

地址： 上海市长宁区苏州河沿线凯旋路万航渡路路口（凯旋桥下空间），古北路长宁路路口（古北路桥下空间）

涉及基础设施： 凯旋路桥、古北路桥（苏州河南岸）

空间类型： 跨河桥桥荫

基地面积： 2500平方米（凯旋路），1200平方米（古北路）

桥下空间面积： 1500平方米（凯旋路），1000平方米（古北路）

桥下空间功能： 运动场所／亲子空间／休闲娱乐

建设主体： 上海市长宁区建设和管理委员会

设计单位： 卅吾设计（方案）、上海林同炎李国豪土建工程咨询有限公司第一景观规划设计研究院（施工图）

设计与建成时间： 2018—2020

照片及图纸提供：卅吾设计

基地概况

古北路、凯旋路桥下空间是2018年"行走上海——城市空间微更新计划"的试点之一。这个试点选取了苏州河南岸的长宁区境内四处跨河桥引桥桥孔，由东向西依次是凯旋路桥、内环高架桥、古北路桥和威宁路桥。尽管四座桥的规模、结构各有不同，但面临的问题是相似的，包括滨河沿线及滨河与腹地的人行流线不畅，桥下空间品质不佳，空间使用效率低等。选择这里作为试点是综合考虑改造条件后的结果。一方面，苏州河沿线的跨河桥车流和人流量相对适中，周边社区对户外空间的活动需求较明确，桥下空间的改造条件和改造范围皆可控；另一方面的重要原因是，试点的开启正好与苏州河长宁段公共空间贯通提升工程的建设在同一时期，有可能结合大工程推动小试点的落地。这也决定了四处桥下空间的更新目标：它们不仅仅是独立的节点空间，同样是苏州河沿岸公共空间体系的组成部分，它们的特点与亮点应当与沿岸空间的连续性相得益彰。

凯旋路桥下是儿童的乐园

设计策略

作为试点的优胜方案和实施方案,卅吞团队的"糖苏河"方案正是从苏州河的整体视角出发的。设计说明中写道:"想把人们带回旧时一种慢慢走的轻松姿态体验苏州河。让步履匆匆的城市人也能抽空享受慢时光。"在上海话中,"逛街"叫"趤马路",是一种悠然自得的轻松状态。"趤"与"糖"同音,设计团队把四处桥下空间视为苏州河的"糖果盒子",让过路人吸收了"糖分"能量后再次出发。不同于其他征集方案,设计团队为四座桥设定了统一的评价标准和设计策略。首先通过雷达图分析法,将四座桥的各项条件,包括尺度、交通、车流、绿化、行人、光照等形成可比较的量化指标。再根据这些特征,为每个点位设定了不同的色彩和对应的味觉,赋予其不同的性格:凯旋路桥是柠檬黄、内环高架桥是苹果绿、古北路桥是草莓红、威宁路桥是蜜糖橘。在综合考虑空间尺度与停留条件后,选择凯旋路和古北路的桥下空间做具体设计。

类似的标准化做法也体现在对桥下空间剖面关系的引导上。设计团队提出了"标准化的系统改造策略",将跨河桥的剖面关系分为市政服务段、桥底体验段和沿河标准段三个标准段进行改造。每个标准段对应了不同的改造手法。例如市政服务段对应的是引桥起始段,通常净高有限,不适合人的活动,现状多用作于停车和辅助用房,可在保留原有使用功能的基础上,对空间入口和边界做局部装饰;桥底体验段则有足够的净高条件,可用的场地较为集中、规整,适宜改建为多元的活动空间;沿河补给段临近河岸,净高较高,与滨河贯通的步行、慢跑通道相衔接,适合创作连续的空间体验,并提供适合补给服务的小型城市家具,或局部加建构筑物。系统化的改造策略可将原本分散的桥底空间形成连续的城市印象,通过统一的设计手法和改造手段能实现较高的性价比。

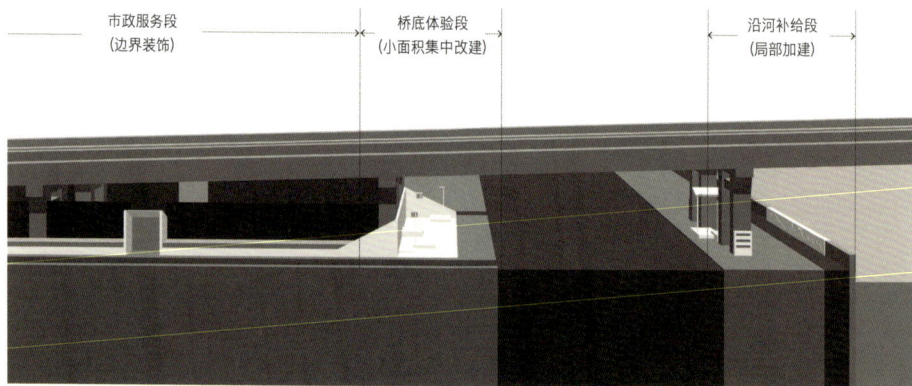

市政服务段
(边界装饰)

桥底体验段
(小面积集中改建)

沿河补给段
(局部加建)

标准化的系统改造策略

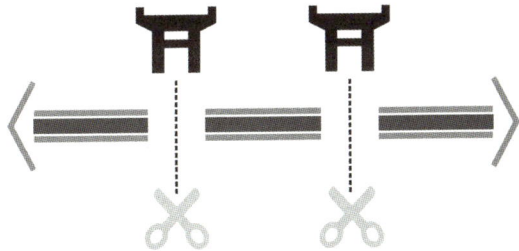

高架桥底作为沿河节点空间的介入，剪断原本过分强调的东西向动线，让苏州河沿岸自然形成以桥洞为端头的多个分段。

桥体的切断让桥底与苏州河沿岸自然成咬合关系，空出的桥底空间倒入个性化彩色颜料，代表着每座桥独特的性格。

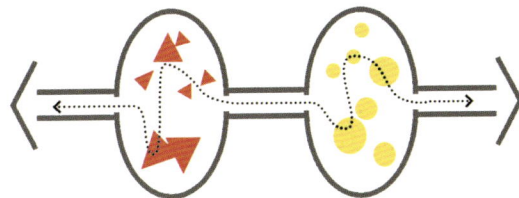

倒进的颜料与桥现状条件互动发生变化，生成大大小小各样的功能场所，步行体验也因这些各具特色的桥变得丰富。

糖苏河概念生成图解

威宁路桥

桥体尺度
光照强度　　　　　　交通复杂性
行人空间　　　　　　车流量
　　　　绿化量

蜜橘橙
人行引桥
人行引桥
人行引桥
停车场

古北路桥

桥体尺度
光照强度　　　　　交通复杂性
行人空间　　　　　车流量
　　　　绿化量

草莓红
管理用房
人行引桥
市政出入口
人行引桥

桥体尺度
光照强度　　　　　交通
行人空间　　　　　车流
　　　绿化量

采用雷达图的分析手法，对桥底空间的尺度，光照强度，交通，停留空间等等作分析，可以看出每座桥的雷达图都有各自的不同偏向，根据这些特点给各个桥底赋予不同的色彩，给每座桥定制专属的糖果盒子。

路桥

迴旋路桥

桥体尺度

光照强度   交通复杂性

行人空间   车流量

绿化量

柠檬黄

慢跑道
人行引桥
健身器材
停车场

录
弯道
用房
引桥
弯道

设计细节

在系统化的改造策略下，具体点位只需要针对实际需求定向补充差异化功能内容，也就是植入设计概念中的"糖果盒子"。在已实施的两个点位中，凯旋路桥以圆形和柠檬黄作为设计主题，在万航渡路南侧提供了儿童游乐设施、彩绘墙、小剧场、坐具、健身器材等元素，在北侧提供了柠檬伞、售卖机、临水舞台、文化展示亭等。其中儿童游乐设施包括绳索爬架、秋千、传声筒等，由专业的儿童游乐产品单位定制，契合周边社区各个年龄段儿童对户外活动空间的迫切需求。

凯旋路桥下空间改造前

凯旋路桥下空间改造后的儿童游乐设施

古北路桥以三角形和西瓜红作为设计主题，针对基地可释放的有限的空间，在长宁路南段通过艺术围挡、标识导引等轻质化方式优化过街空间，在北区结合两座高架桥面形成的透光缝隙，设置具有标志性的西瓜伞和半围合的坐具等，在桥墩、铺地、花箱等细节处也运用深浅不一的红色系三角形元素创造空间的辨识度和趣味性。桥下的照明设计也被很好地融合其中，给人们提供了兼具休憩、活动又赏心悦目的空间，为苏州河边的生活加一点糖。实际的使用效果与社交媒体上的推荐也证明，讨人喜欢的糖果的确为原本消极的桥下空间带来了欣喜。

古北路桥下空间改造前

古北路桥下空间改造后

"希望每个路过的人都能放松"
凯旋路、古北路的桥下空间设计师黄晓晨访谈

Q 2018年，卅吞团队提交的"糖苏河"方案被选为试点的优胜方案，到2021年建成，其实跨越了挺长时间，能回顾下这几年方案的变化吗？

A 2018年8月出了试点征集的优胜结果，然后我们花了一个月的时间做了深化方案，之后收到确认实施的消息。正好那段时间长宁区在做苏州河沿岸公共空间贯通工程，桥下空间方案会放入这个大工程里一起执行。所以最后采用由这段工程的设计单位，也就是林李来负责施工图深化，我们负责效果把控的合作方式。合作的过程也是双方磨合的过程，难点在于设计内容要不要精简，从概念方案向实施深化，需要配合场地实际分布的地下管道、检修井等具体的情况作调整。还有一个比较突出的问题，就是颜色的选择。

Q 颜色是这个方案的重要特征。

A 对，当时的顾虑是红色和柠檬黄会不会太鲜艳，会不会影响机动车司机的注意力而影响交通。我们还是希望保持方案的初衷，也找了些国内外比较合适的案例对比，并做了不同明度和饱和度的色彩比选。经过"激活桥下空间"的主办方与长宁区政府、区建管委的多次沟通论证会最后大家达成一致，保留了原来的色彩。2019年下半年，因为架空线落地工程需要在桥下空间嵌入……又调整了一轮方案，古北路的设计做了部分简化，凯旋路的设计基本保留，并从2020年开始逐步推进建设。这个过程中还有两个我印象深刻的故事，一个是凯旋路的围墙，我们最初的设想是邀请周边社区和学校的小朋友来画，但是受疫情的影响，最后是邀请艺术家团队来主导完成的。画的过程中正好有小朋友路过，我们也邀请他们一起参与。另一个事情是凯旋路的儿童游乐设施柠檬爬架，区建管委特地考察了专做儿童游乐设施的季高集团，季高做了八个比较方案，并与我们一起选定了实施版本。

Q 真是个漫长又曲折的过程。

A 但是在这个过程中，我意识到大家对桥下空间的态度也在转变，从最开始担心东西太多、颜色太鲜艳，到最后很用心地挑选供应商，比较方案，希望把这两个桥下空间当成高质量的标杆来完成。其实最初我们也会自我怀疑，桥下空间到底适不适合放游乐设施？在做了很多周边社区调研之后，觉得桥下的空间跟公园的定位不一样，并不是让大人、小孩长时间在这里停留玩的空间，但是这个场地能用起来，为路过的人提供简单的休息，又觉得很有趣就够了。完工之后我们几次现场回访，经常看到有人排队等着玩这些设施，南侧是小孩玩得多，滨水那侧是大人玩得多，这也说明了功能对于周边居民来说还是需要的。很多路过的人要么是去中山公园玩的，要么是住在附近的，大家肯定希望自己住的地方能多一些设施，如果暂时还没有的话，桥下空间正好作为补充。

Q 你觉得通过竞赛的方式参与，跟直接委托会有怎样的差别？

A 会更敢想一些。在后续的接触中我们也意识到，如果是直接委托设计，可能不会有这么大胆的方案出来。回想竞赛，很多团队的方案改造动作都比较大。跟其他参赛者相比，我们的优势在于有更多在社区空间更新的工作经验，对天马行空的更新和可操作实施之间的度把握会更好一些。我们一直在讨论到底什么是微更新，最后得出这个结论：其实加一点糖就好了。

Q 那么会有遗憾吗？

A 凯旋路的使用状态给了我们不少惊喜，但也有小小的遗憾，比如当时设计了桥下驿站，可放置多种便利售卖机，但是最后并没能完全用起来。当然我也理解，这从城市公共空间的管理层面上增加了不少难度。还有遮阳的柠檬伞和座椅的位置没有完全对上，没能发挥出遮阳休憩的功能，这个跟我们没有自己画施工图是有关系的。最大的遗憾还是我们当时设计的几个艺术站亭，希望联合周边的社区共创展示社区的故事，但是一直没有做起来。2021年，我们用"糖苏河"的提案投了上海城市空间艺术季的策展征集，我觉得桥下空间很适合讲15分钟社区生活圈的故事，尤其是围绕苏州河两岸的故事，虽然可能从地理上或者行政上对岸是分开的，但是从生活上是无法分开的。

Q 能不能为凯旋路、古北路的桥下空间的设计找一个关键词呢？

A 是放松吧，我希望每个路过的人都能够放松。之所以用了"趄"这个字就是希望大家慢慢逛、慢慢走，所以设计的元素也都是希望大家放慢节奏，心情明亮起来，像是城市里一处很容易记住的小地标。周边能够活动的场地太少了，怎么让大家的活动更舒服、更有趣，桥下空间改造的意义就在这里。

设计师和施工过程中的游乐设施

桥下dance here + 岛

项目名称： 桥下 dance here

地址： 上海市徐汇区龙腾大道，近张家塘港

涉及基础设施： 龙腾大道

空间类型： 跨河桥桥荫

基地面积： 1400平方米

桥下空间面积： 650平方米

桥下空间功能： 休闲娱乐/广场

设计单位： 上海旭可建筑设计有限公司

设计和建成时间： 2023.6—2023.9

项目名称： 岛

地址： 上海市徐汇区龙腾大道，近张家塘港

涉及基础设施： 龙腾大道

基地面积： 4800平方米

设计单位： 上海翡世景观设计咨询有限公司

设计和建成时间： 2023.6—2023.10

照片及图纸提供：上海旭可建筑设计有限公司、
上海翡世景观设计咨询有限公司

基地概况

  2023上海城市空间艺术季以"共栖"为主题，选择徐汇西岸南段龙耀路至淀浦河5公里的滨江地带作为主题演绎展区，沿线设置了多处空间艺术作品和公共艺术作品。从穹顶艺术中心出发，沿龙腾大道南下到达白猫主题馆会途经多条支流与跨河桥，张家塘港就是其中的一站。在城市空间艺术季筹备期间，策展团队留意到附近的两处现状：每天从下午到晚上，龙腾大道跨张家塘港的引桥空间下都被活跃的公共活动占据；桥下空间以西是一大片收储用地，目前处在闲置状态。现场有三座桥沿黄浦江方向跨越张家塘港，由东向西分别是靠近滨江带的景观步行桥、双向6车道的龙腾大道和宏文纸厂老桥，但是在地面标高上，龙腾大道下方的防汛墙变成了天然的屏障，人流无法便捷地穿越桥下空间抵达江岸。城市空间艺术季看到了这处桥下空间和周边地块的潜力，作为空间艺术作品选点，邀请旭可建筑和翡世景观通过轻介入的手法改造这处空间，为艺术季创造一处永久作品的同时，打开桥下空间，鼓励更多样的活动在此发生。

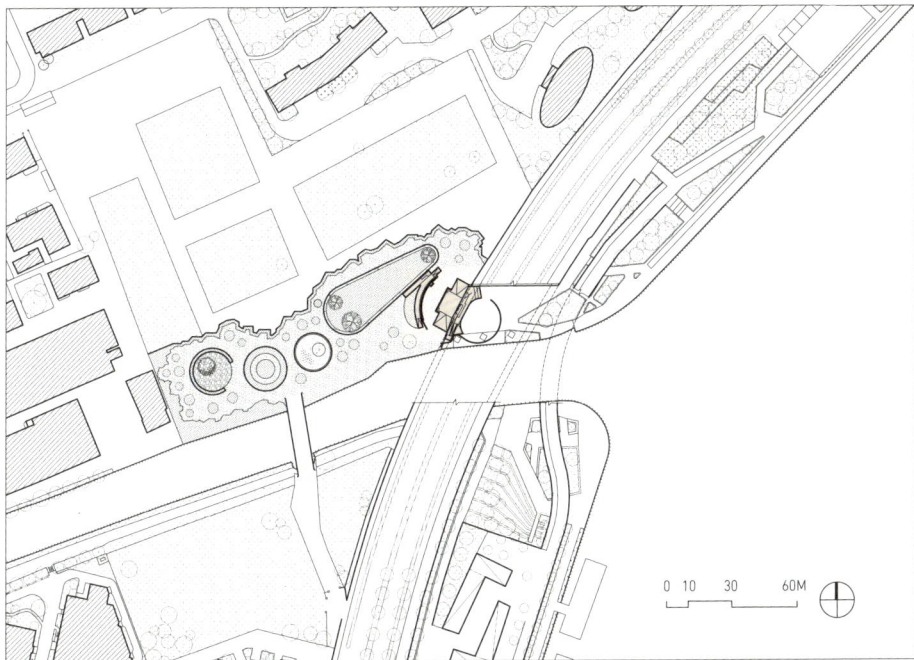

上：总平面图
下：在桥下舞台活动的人们

设计策略

　　桥下空间比较低矮，最低处净高仅 2.2 米，并不适合容纳大型的活动。因此，在设计之初就确定了以桥下空间引导人流的策略，借用防汛墙的高差连接东侧的滨江空间和西侧的收储用地，使之连成一体。这也决定了对桥下空间的改造与对收储用地的改造间的一致性。当旭可建筑的设计师刘可南来到场地时，注意到因为大桥和防汛墙之间的缝隙而形成的一条狭长光带，这条缝隙不仅让阳光得以进入，也意味着两处城市基础设施连通的可能。设计通过设置一系列大大小小的台阶连接场地的不同标高，以

不经意的方式消化了防汛墙的高差，也类似舞台的空间结构：桥下空间成为舞台，台阶成为舞台的观众席，也在鼓励公共活动的发生。舞台的设置一直延续到地面上，以大桥为背景，形成了另一组小看台。沿此继续往前，是由翡世景观的设计师潘山利用各种回收材料形成的作品"岛"。这组地面景观中包含了弯弯曲曲的跑道、几棵艺术化处理的大树、游戏装置和碎石地面。不同材料形成的圆形场地散落其间，仿佛一座座漂浮的小岛。地面看台略带弯曲的形状，自然地衔接了桥下舞台和地面景观两组作品，使之融为一体。

改造前的张家塘港周边

日常活动

站在桥下，厚重的混凝土结构漂浮于头顶，几乎触手可及。水平展开微微上凹的顶面产生了很好的反射声音的效果。在建筑师的描述中，站在桥下说话时感觉回音从四面涌来，不远处就有人在跳广场舞、排练乐器，将这个空间视为舞台再贴近不过。增加的 LED 灯光经桥底反射形成了洞穴般的迷幻效果，无不是在强调着这种戏剧感。桥底的两段弧形钢轨在限定空间的同时，也作为控制照明的线槽使用，克制的手法使整个空间显得统一、精准而利落。

施工快结束时，悬浮于缝隙上的桥身上刷上了一句"桥下 Dance Here"和"共栖 Metrobiosis"，既是指示作品方位，也像是对来此散步居民发出"桥下共栖"的热情邀请。在艺术季期间，能够观察到滨江活动的人群已经习惯跨越防汛墙，到桥西侧的"岛"中活动。老年萨克斯的练习者习惯到桥下练习乐器，江边广场舞团也有意将活动场地转到桥下。"所以可能最值得庆幸的，是在2023年，借助城市空间艺术季这个公众事件，我们介入了这块场地，和现场的自然物和人造物一起合奏，完成了这么一个场所。"刘可南在回顾项目时说道。

改造后的场地

改造前

改造后

上：夜晚的"岛"和"桥下 dance here"
下：灯光开启时

"人们把桥下当作一种自然空间在使用"
桥下空间三人对谈

G　2023上海城市空间艺术季执行策展人 高长军

L　上海旭可建筑设计有限公司主持建筑师 刘可南

P　上海翡世景观设计咨询有限公司主持设计师 潘山

G　我们今天又回到了这片场地，距离我们第一次来看场地过去了半年，也想跟二位聊聊当初的设计是出于什么考虑？

L　第一次来感觉就很强烈，这里的桥下空间本身有很特别的氛围。因为这个桥压得很低，桥边上就有很多人在活动，现在正在有人吹萨克斯风。我觉得这是一个机会吧。

P　到了这个现场吧，其实是一个工地拆除后的样子，风貌还是比较野的，也是一个挺好的容纳空间。因为对于城市来讲，并不一定要每个地方都显得精致。

G　好像滨江除了网红打卡，还有很多很市民的生活，会贯穿一整天。

P　那种空间感觉是一种非常自由的，没有拘束感的一种城市环境。

L　人在使用那些基础设施遗留下来的空间的时候，其实是把它当作一种自然空间在使用，和人形成了一种有温度的城市生活的关系。

P　其实我们最终想达到的目的是情感上的链接和使用上的体验。

G　这就是我们追求的共栖嘛。可南应该是晚上很多次来到这个场地吧。你设计里的很重要一点是灯光。

L　对，桥下低矮的空间和音响效果。怎么样用一种相对比较轻的方式回应它已有的这个氛围？我觉得就用灯光吧。

G　恰如其分的，不是很大动作的一种介入方式。潘山呢？当初我们要选三棵枯树作为"岛"的素材，结果一棵树已经发芽了。

P　这个 (结果) 在图纸设计之外，它就符合了主题。

L　让设计的能量能够释放得更充分，也给日常生活有很多增加幸福感的机会。因为大家不懈的努力，这两个空间艺术作品能做成。

桥下空间剖面关系示意

乐汇小游园

项目名称：乐汇小游园
地址：上海市徐汇区漕溪路120号
涉及基础设施：内环高架路（漕溪北路段）
空间类型：高架道路桥荫
桥下空间功能：休闲娱乐/亲子空间/生态课堂

摄影：北北

乐汇小游园平面示意

"乐汇小游园"于2023年初开园，是一座儿童友好型口袋公园。"乐汇小游园"在徐家汇体育公园，也就是曾经的万体馆附近，内环高架、沪闵高架及多条下匝道在此纵横交错，形成了大量复杂的桥下空间。漕溪路、三汇路和中山西路围合出的基地曾经是绿地，面积超过8000平方米，但是有高架匝道在此落柱，加上周边交通复杂，据周边居民描述，"不熟悉的人在车流中围着绿地打转，就是找不到入口"的情况时常发生。但是这块三角形的绿地既是由南向北进入徐家汇商圈的必经节点，附近又有三四万居民，如何定位与利用使曾经的"边角料"空间融入城市整体环境，融入居民生活，成了解题的关键。前期调研中，周边居民提出的"无障碍、通透、适合亲子"需求最终确定了乐汇小游园的"服务全民、儿童友好"的定位。

小游园的改造利用空间原有的净高和立柱，通过在场地中增设"桥下之桥"的做法，将场地分为上下两层，塑造出立体的游园空间。这样的做法使得作为背景的高架桥不再是冰冷庞大的基础设施，反而成为公园的自然延伸。与"桥下之桥"盘旋的姿态相呼应的，是场地上不断变化出现的圆形主题，通过颜色和铺装材料的变化，将场地柔和地

"桥下之桥"塑造立体的游园空间

划分出探趣乐园区、绿动乐园区、好奇乐园区及亲子驿站区这四个区域。每个区域都有各自标志性的设置及功能，比如绿动乐园区阳光较为充足，功能以多功能运动场所为主，还有标志性的彩色毛毛虫儿童设施；好奇乐园区通过多样化的展示手段介绍碳中和、水循环、城市生态等理念，是身边的生态课堂；亲子驿站则利用场地原有的绿化，植入装配式集装箱作为服务空间。

在乐汇小游园的不远处，有徐家汇体育公园以及同样融合桥荫空间打造的数字文旅中心，这些项目通过步行系统串珠成链，在原本复杂交错、令人生畏的高架系统下创造了另一片适合游玩休憩的天地，成为面向市民共享开放的新型公共空间。

圆形元素将场地划分出不同区域

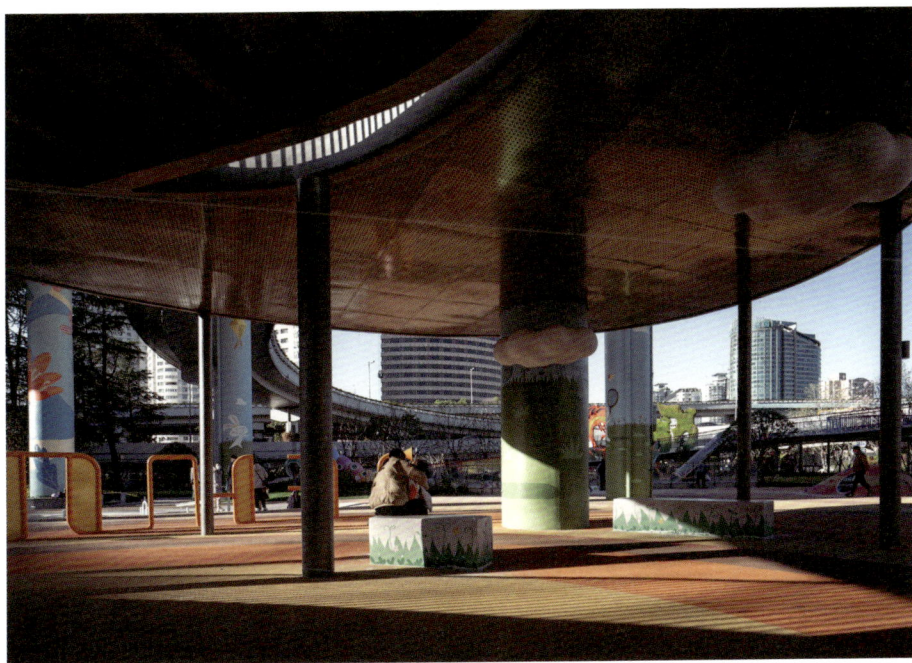

周边居民在小游园中休憩、活动

蘑幻森林

项目名称： 蘑幻森林
地址： 上海市杨浦区中山北二路政本路路口西侧
涉及基础设施： 内环高架路（中山北二路段）
空间类型： 高架道路桥荫
桥下空间功能： 运动场所/亲子空间/市政设施

摄影：北北

　　内环高架路的最北段沿着杨浦区中山北二路穿过，周边有多个小区，也因为同济大学的缘故聚集了多个科研和设计机构。在改造之前，这段被高架路覆盖的空间曾经被密闭的防护林掩映着，尽管北侧紧邻走马塘，但是周边的居民几乎不使用甚至不知道这样一条滨水线路的存在。加上基地原有的功能单一、采光不足和缺乏管理等，使得这段桥下空间变成了被遗忘的"灰空间"。

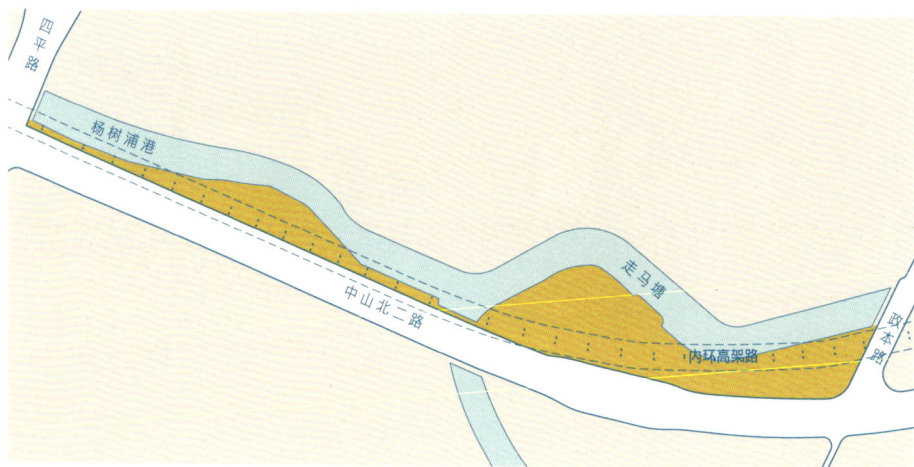

蘑幻森林平面示意

城市道路视角的魔幻森林

2021年，四平路至政本路桥下空间提升工程正式启动，也是杨浦区首次实现高架桥上桥下一体化协同实施的"年轻化"工程样板。按照基地的自身条件，总长700米，面积约1.2公顷的桥下空间被分为三段：西段以保护和恢复生态绿化环境为主，维持防护林特色的同时，结合高架桥立柱形成自然和人工森林的意象，并嵌入休憩功能的城市家具；中段以滨河步道衔接贯通，围绕着基地中原有的加油站，进一步提供零售、厕所等服务设施；相比于西段和中段，东段的场地紧凑但功能丰富，因为衔接政本路与18号线

抚顺路地铁出入口，场地在确保满足集散要求的同时，植入了笼式篮球、儿童娱乐和健身设施，成为颇受欢迎的"活力乐园"。内环高架的立柱成为整段空间的背景，无论是平面墙绘还是造型家具的设计，都呼应了"蘑幻森林"中的蘑菇元素主题。

"蘑幻森林"的改造中融入了儿童友好、老人友好、环境友好、步行友好等理念，也是对"15分钟社区生活圈"的回应，将曾经封闭的空间变成了服务周边社区的一段可游可憩的城市森林。

儿童娱乐设施及笼式篮球

上：儿童娱乐设施
下：滨水步道

丰翔童空间

项目名称： 丰翔童空间
地址： 上海市宝山区丰翔智秀公园内
涉及基础设施： 丰翔路二号桥
空间类型： 跨河桥桥荫
桥下空间功能： 休闲娱乐／亲子空间

摄影：北北

环城生态公园带建设是上海市"十四五"期间生态空间建设的重要载体。2021年，宝山区先行启动前身曾是外环防护林带的丰翔智秀公园的建设。丰翔智秀公园位于宝山区西北门户区域，东临S20外环高速及新槎浦、南临西走马塘、西至工业路、北至锦秋路，丰翔路从公园中部穿过，也将狭长的公园分为南园、北园两个部分。因此，丰翔路的桥下空间成为连通公园、补充服务设施的关键节点。虽然桥下空间的净高与采光都较为有限，但通过鲜亮的色彩、童真的主题设计，植入运动健身、亲子娱乐等功能的设施，原先阴暗的桥下空间转变成为广受大人儿童喜爱的"丰翔童空间"，带来了别样的游园体验。

丰翔童空间平面示意

桥下空间连通公园南北两部分

南北高架共和新路桥下空间

项目名称：南北高架共和新路桥下空间
地址：上海市静安区共和新路恒通路路口南侧
涉及基础设施：南北高架路 (恒通路以南，苏州河以北)
空间类型：跨河桥桥荫
桥下空间功能：运动场所 / 休闲娱乐 / 亲子空间

摄影：北北

南北高架共和新路的桥下空间很早就作为体育设施使用，这里是曾经的天目西市民球场，既是上海建成时间最早、规模最大的市民球场之一，也是最早利用桥下空间建设的市民球场之一，承载了一代人的篮球记忆。在未改造升级前，天目西市民球场共有4片球场，据统计，一年接待市民超过8万人次。尽管广受欢迎，场地仍然面临着功能单一、慢行体验不佳等问题。在一江一河整体贯通的大背景和桥下空间复合利用的号召下，静安区政府于2022年启动对桥下公共空间进行拓展和品质提升，改造范围北至恒通路，南临苏州河，占地面积约11000平方米。在更新篮球场的基础上，增加器械健身、跑步道、滑板场、霹雳舞台等多元潮流运动场地。在空间利用上，利用天桥划分出运动区与休闲区；在照明设计上，充分考虑了夜间活动的需求。桥下还增设一处市民驿站，提供公共厕所、直饮水点等配套服务设施，是苏州河畔一处设施齐全的运动打卡地。

南北高架共和新路桥下空间平面示意

上：滨河休闲场地
下：休闲运动场地

灯光开启时

增加的健身设施、跑步道和滑板场

凯旋南路桥下绿地活化改造

项目名称： 凯旋南路桥下绿地活化改造

地址： 上海市徐汇区凯旋南路龙田路路口

涉及基础设施： 轨道交通3号线（漕溪路站以南段）

空间类型： 高架轨道桥荫

基地面积： 98000平方米

桥下空间面积： 实施片段350平方米（全段4800平方米）

桥下空间功能： 绿地广场

建设主体： 上海市徐汇区漕河泾街道

设计单位： 梓耘斋建筑设计咨询有限公司

设计与建成时间： 2019.3—2020.3（设计），2021.11—2021.12（建成）

照片及图纸提供：梓耘斋建筑设计咨询有限公司

基地概况

凯旋南路桥下绿地位于凯旋南路、龙田路交叉口，紧邻徐汇区漕河泾街道华富社区。华富社区建于20世纪90年代，由四个独立分散老公房小区共同组成。社区的西侧是轨道交通3号线——一条穿城而过的轨道交通高架线，东侧的中山南二路、龙吴路是交通干道，在东西两侧道路的包围下华富社区成了一座月牙形的"孤岛"。与凯旋南路西侧面积更大、组成更整体的漕溪社区相比，华富社区的居民既缺少生活必须的服务设施，也缺少高品质的活动空间。"街区环境差，让人心烦是表象，很多涉及公共区域的矛盾始终没有根治才是内因。"华富居民区党总支书记在采访中这样总结。2019年，漕河泾街道开始对该区域提升改善，街道的社区规划师、东南大学的童明教授带领梓耘斋建筑工作室承接了为期三年的漕溪路片区整体研究的课题。以最北端的上海旅游集散中心为起点，最南端的沿街商业为终点。设计团队结合社区需求与近、中、远期的更新目标，把沿凯旋南路公共空间系统的重构视为首要任务，最终梳理出10个具体项目。凯旋南路一侧的入口门户正是其中的节点性项目之一，由废弃仓库改造而来的社区空间——华富邻里汇衔接了社区内公共巷弄和作为户外延伸场地的桥下空间。

改造之前，凯旋南路的桥下空间是这样的景象：轨道交通高架线正下方是不可进入的景观绿化，将单向的车行道与人行道分隔开来，封闭的连续围墙使人行道更显得逼仄狭窄。这的确是轨道交通3号线沿线司空见惯的景象，说不上多么不适，但是有着巨大的转换潜力，邻里汇的改造撬动了此处桥下空间的变化。

上：华富邻里汇及凯旋南路桥下空间
下：凯旋南路桥下空间

设计策略

凯旋南路桥下空间呈现出一种多义性：它既是轨道交通3号线漕溪路站和龙漕路之间的一段，也是华富社区外围的一部分。但是在启动邻里汇的改造之前，它并没有展露出明确的定义。对原有围墙的拆除不仅释放出了公共空间，也明确了凯旋南路桥下空间作为社区入口门户的一部分，和邻里汇、社区内弄巷连成一体。和其他项目相比，这里的改造动作显得简单而直白：原本直线形的花坛被改造成折线形，退让出可坐可活动的区域；景观边界的调整扩大了人行区域，使步行体验更加舒适；地面没有选择人行道常见材质，反而采用了更接近于广场的铺设方式，也向人们提示了这段桥下空间的性质。此外，花坛与座椅的结合、广场与邻里汇之间无高差的连接，这些小细节强化了融合感，把原本作为城市边角的低效用地转变成了"连接社区的公共性场地"，而高架轨道恰好成为对社区入口的限定。由此，桥下空间不再是孤立的点位，而是整个公共空间系统中的一部分，在社区尺度上，它在东西方向上连接华富社区与漕溪社区，在片区尺度上，它为整段凯旋南路的改变提供了想象。

一层平面图

上：华富社区入口
下：在邻里汇内创造的公共空间

改造前的高架轨道、人行道与社区围墙

改造后完全融合的界面

片区重构

实施完成的凯旋南路桥下空间虽然只是一处很小的改变，但是代表了设计团队对漕溪路片区尤其是凯旋南路段的观察与重新定位。从历史成因来看，这里的前身是沪杭铁路内环线，1997年铁路拆除后，被穿行在上方的轨道交通3号线取而代之，但无论是铁路还是轨交的存在都使得凯旋南路形似一条分界线，长期分割东西两面的空间。设计团队提出将凯旋南路这条地理空间的"分界线"转变为居民日常生活的"中轴线"，使之连接整个漕溪路片区。因此，通过对凯旋南路的更新，激活周边低效甚至荒弃的公共空间资源的再利用，才是这个桥下空间问题中的核心命题。设计的介入将桥下空间与居民的日常慢行路径相结合，再增加一定的休闲设施，在这个本就缺少公共空间的片区内，创造一条具有吸引力的线性公园景观，以此打通道路东西两侧的联系。前后的对比展现了这样一种可能，桥下空间完全可以改变原有的绿化隔离带功能，以一种开放的状态参与到周边的公共空间中。这些项目的改造对象看似是桥下空间，但不全是桥下空间，而是服务于一种更大的片区发展愿景。

轨道交通3号线沿线的城市景观

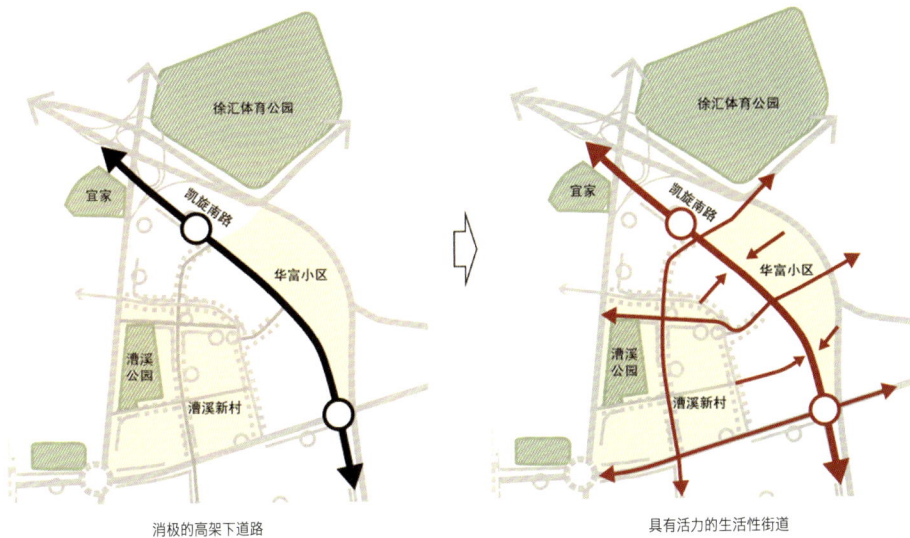

消极的高架下道路　　　　　　　　具有活力的生活性街道

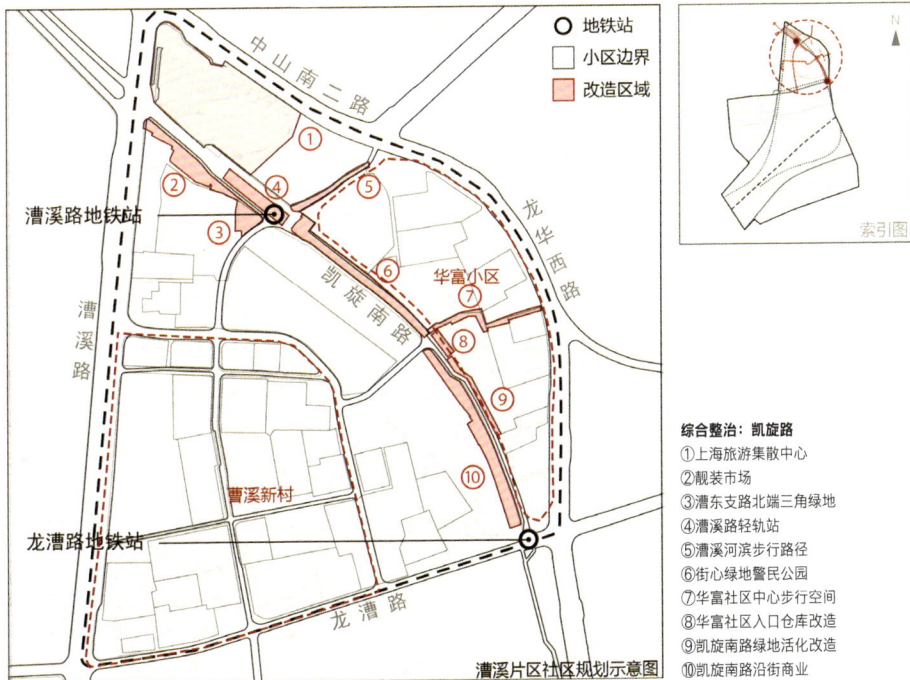

图例
○ 地铁站
□ 小区边界
▨ 改造区域

综合整治：凯旋路
①上海旅游集散中心
②靓装市场
③漕东支路北端三角绿地
④漕溪路轻轨站
⑤漕溪河滨步行路径
⑥街心绿地警民公园
⑦华富社区中心步行空间
⑧华富社区入口仓库改造
⑨凯旋南路绿地活化改造
⑩凯旋南路沿街商业

漕溪片区社区规划示意图

上：凯旋南路——从"分界线"到"中轴线"
下：沿凯旋南路梳理的项目

"桥下空间不是一个独立的命题"
梓耘斋建筑工作室设计师黄潇颖访谈

Q　对漕溪路片区的研究和最终落地的华富社区和凯旋南路桥下空间无论在尺度上还是
目标上都不一样，能介绍下二者的关系吗？

A　童明老师是漕河泾街道的社区规划师，因此团队当时针对凯旋南路做了整段研究，主旨
是通过优化沿线的空间，加强东西两侧的联系。所以我们并没有把桥下空间当作一个
独立的命题来对待，这是为这个项目选择的关键词。首先出现的是整体的概念，这个整
体是以社区来界定的。以往的沪杭铁路和后来3号线的出现造成了环境的割裂，使得华
富社区变成了一个边缘地带。如何改变这种状况是我们首要考虑的，反而在桥下空间
的改造上没有遇到什么难点。

Q　改造前的桥下空间是怎么样的？

A　邻里汇的位置原来是两个旧仓库，因为有围墙，桥下空间完全被屏蔽在外。居民不会
把那里当成入口，也不会当成常用的社区通道。对邻里汇的改造首要考虑的还是社区，
强调的是打通横向的联系，这使得桥下空间自然成为一个节点。居民们更关心靠近自
己住宅或者经常活动的场地，在桥下空间这块没有提出质疑和反对。我们当时主要协
调的对象是绿化部门，比如会不会涉及绿化量的减少，目前华富社区以外的区段是市
政在负责改造。

Q　研究和设计是以凯旋南路为对象做的，从大的视角来回看华富这个小节点有什么启示
呢？

A　当时的确把漕溪路和龙漕路两个站点之间桥下空间当作整体来考虑，很难找到一个统
一的办法解决全部问题。这在大尺度城市开发中很常见，高架桥这样基础设施的介入
和微观的、具体的日常活动往往没办法衔接起来。目前看到的比较多的案例是把桥下

设计团队对凯旋南路北段的改造设想

空间看作是个可利用的资源，改造成运动场之类能够被居民使用起来，这是一种方式。但我觉得应该还有一种方式，就是以系统的方式看待它，15分钟社区生活圈其实提供了这样一个机会，也是我们在漕溪路片区考察时遇到的。但难点是怎样自上而下地建立起一套和空间、使用更加匹配的，而且不以用地为划分依据的系统，让巨大的城市系统和人的行为匹配？如果把桥下空间当成一个独立的对象或者独立的事情时，其实很难讨论，因为真正造成问题的是高架桥这些体系对城市空间的割裂，而这些割裂并不是单独做桥下空间就能解决的，它是在不同尺度下对更具体问题的多方讨论。人的活动是连续的，空间是连续的，桥下空间只是在达成这种连续性时碰到的一个状况，可以有很多种方式应对。

Q 所以不改造也是可以的。

A 对，如果有停车需求当然可以停车，如果像71路那样有交通需求就可以设站点，只要能解决城市的问题，很好地利用这样的空间就行。其实凯旋南路桥下空间就是这样，没有做很多的设计手法，邻里汇需要接纳那么多进出的居民，也需要组织户外活动的场地，那么就设计成跟这些行为匹配的空间。所以桥下空间必须在非常具体的情况下讨论，比如居民觉得这里难走或者环境不好，那么利用桥下空间做一条通道，这个过程中考虑灯光和安全性。但是如果没有具体的问题，就像是做方案没有任务书，最后就只能往视觉效果上靠，越夸张越好，这是大家都不希望看到的。另一种可能性是把桥下这样的低效空间和市场挂钩，通过市场行为把这些低效空间合理地利用起来，在这个过程中自然会考虑合理性、安全性和盈利的可能，这样就更好了。

设计团队对凯旋南路南端的改造设想

宝山科创1号湾
桥下空间

项目名称： 宝山科创1号湾桥下空间

地址： 上海市宝山区共和新路，近蕴藻浜

涉及基础设施： 共和新路高架路

空间类型： 高架道路桥荫、跨河桥桥荫

桥下空间功能： 绿地广场/运动场地/公交车站/露天美术馆

科创1号湾桥下空间 (蕴藻浜南侧) 曾作为2021上海城市空间艺术季宝山区展区之一

主办单位： 上海市宝山区人民政府

承办单位： 上海市宝山区规划和自然资源局、上海市宝山区文化和旅游局、上海市宝山区庙行镇人民政府、上海市宝山区张庙街道

协办单位： 上海科房投资有限公司

策展单位： 上海智慧湾投资管理有限公司

展览时间： 2021年9月29日—2021年11月15日

摄影：北北

科创1号湾有着独特的地理位置，位于共和新路高架北段和蕴藻浜的交汇处。共和新路高架是上海中心城区南北主干道之一，也是"申"字型路网一竖的上半段。除了高架道路之外，轨道交通1号线汶水路站至通河新村站的路段和高架道路同体共筑，也是中国第一条高架道路与轨道交通一体化线路。蕴藻浜是贯穿宝山的主要河道，流经四个镇 (杨行、顾村、庙行、淞南) 和一个街道 (吴淞街道)。1号湾北至联谊路，南至呼兰路，西至富长路，东至虎林路、杨盛河，共和新路和蕴藻浜将整个区域划分为四个象限。随着西北象限的智慧湾、东南象限的交运智慧湾

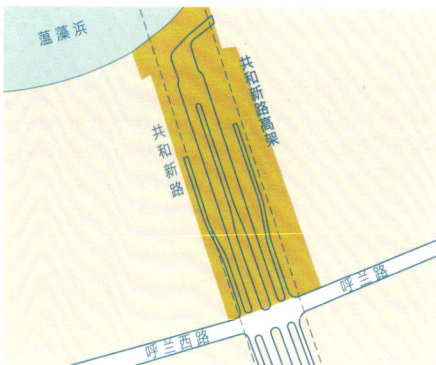

蕴藻浜南侧桥下空间

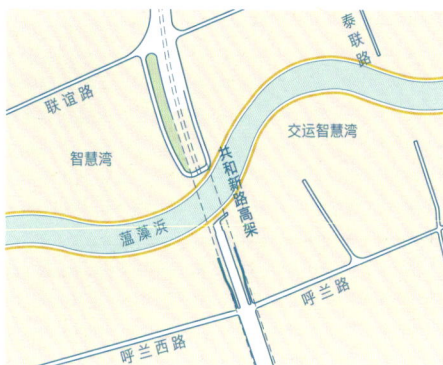

宝山科创1号湾整体平面

运动场地

和西南象限的龙盛小镇、智力产业园相继落成，1号湾也从曾经遍布旧堆场和老厂房的"工业锈带"转变成为科创核心带。1号湾的位置、体量与高度复合的功能使其已然成为一座小型城市综合体，也对公共空间提出了更高的要求。

因为共和新路高架、轨道交通1号线、蕴藻浜的存在，使得1号湾的桥下空间更加复杂。一方面，跨河的高架桥使得沿河一侧变成了尽端空间，有待加强滨水空间的延续性；另一方面，1号线呼兰新村站是抵达1号湾的主要站点，从站点下来后还有相当一段距离要走，甚至还要跨过蕴藻浜。共和新路高架的体量较大，使桥下空间形成了相当大的

规模。如何利用这些桥下空间为1号湾的多个产业园以及周边的社区提供更好的服务，成为了一个重要的问题。从2016年智慧湾开园开始，就在政府和园区的共同努力下将蕴藻浜以北的桥下空间改造成运动空间、服务设施等，同时保持园区始终开放的状态。2021年，结合上海城市空间艺术季当年的"15分钟社区生活圈：人民城市"主题，被选址为宝山区三个展区之一的科创1号湾开启了新一轮桥下空间的活化利用，优化空间不仅解决了区域内的多个遗留问题，为多个园区的工作人员提供了良好的休闲环境，也将科技感十足的"科创湾"变成了市民休闲游乐的"幸福湾"。

运动场地与滨河通道

"桥下空间成了这里的接入口"

上海智慧湾投资管理有限公司副总经理朱丽访谈

Q 科创1号湾区域内桥下空间的改造是结合2021城市空间艺术季做的，这很有意思。

A 其实从2016年智慧湾开园开始，我们一直想提升这个区域的空间品质，但是缺少一些契机，毕竟作为公共空间，已经超出了园区的运营范围。我记得城市空间艺术季应该是下半年举办，但是上半年宝山区规划和自然资源局已经来和我们对接了，那个时候我在负责园区的活动，所以从头到尾参与了。当时有好几件事情叠加在一起：首先是城市空间艺术季，其次是东南象限的交运智慧湾也准备得差不多了，准备在12月开园，也涉及对人流的引导。再加上当时的智慧湾里已经入驻了400多家企业，有几千人办公，地铁还是主要的出行方式，但是从地铁到园区有七八分钟的步行距离，总是希望这段路能带给大家好的心情。

当时园区内已经有健身步道了，无论是已经在使用的智慧湾还是在建的交运智慧湾，都已经做得很漂亮，从河两岸看过来的感觉很好。反而是从地铁到河岸这段因为长期封闭，居民走不通，就想借这个机会贯通。当时规划局给了我们前几届艺术季的出版物，看到了大量徐汇滨江、杨浦滨江这样的案例，想到我们这里的蕴藻浜水脉，尤其是宝山提出了"科创之河"的概念，就想能不能也通过这个活动、聚焦这里的空间完成改造。

Q 这里面涉及大量协调工作。

A 毕竟涉及的区域很大，园区很多，区政府召集了好几次协调会，力保滨水空间的贯通和开放。现在您能看到桥下空间打开之后特别好，有散步的、演奏的、活动的，很热闹。其实智慧湾的园区一直是开放的，周边的居民想进来都可以。也是因为我们很积极在参与这件事，所以就让我们做了一个方案，看看从呼兰路站出来一路到智慧湾的空间能怎么做改造。在这个方案里，我们把桥下空间的现状记录了一下，提出了改造的想法，思路确定后进展就很快。宝山区规划和自然资源局做主导，由智慧湾来出具体的实施方案，其实当时参与的各家单位也都做了方案。

Q 从1号线呼兰路站一路过来的设计点挺多的，能逐一介绍下吗？

A 其实这个策划是由好几个大方案组成的。首先是桥下的活力公园，打开之后需要一些涂刷把空间亮化，应该选择怎样的主题？其次，空间开放之后会提供休憩的场所，那也应该配上体育设施，这样大家才会常来，所以就考虑把足球、篮球这些大家比较喜欢的运动放进去。讲到运动场地，因为我们在园区运营上有经验，所有东西要可持续的话必须有专业的人来做，专业的人来管，否则后期的运营会很差。所以我们找了智慧湾里的专业场馆来运营这些桥下的运动场，相当于再拓展一块空间，他们也会组织一些小型的赛事嵌入到场地里，再配合一些简单的商业配套，这样有小活动或者有教练带一带，场地就会很有活力。

活力公园的一侧是"一墙美术馆"。当时宝山区的委办局在合力做这块桥下空间的改造，文旅局也加入进来。看了场地之后，提出能不能做个美术馆，为市民提供一些公共的文化空间。我们讨论了很多种方法，包括做玻璃房，最后决定干脆做成一个开放型的美术馆，就做成一面墙，所以有了"一墙美术馆"。考虑到通透性和展览的更换，选了和球场围栏类似的材质。

另一个改变是在桥上加装了电梯，同步做了灯光。这个需求来自于我们的切身感受，做交运智慧湾的时候每天在蕴藻浜的两岸跑，过桥要走44级台阶。如果有腿脚不便或者提着重物的人就很不方便，于是跟区里申请能不能加装观光电梯？这样又便民，又能看到两岸的风景，配合做了灯光，这样到了晚上标识性很强，一下子就亮起来了。

从1号线走到园区的路都是桥下空间，都是灰灰暗暗的，甚至有些空间是封闭起来的。宝山提出要作为上海科创主阵地发展之后，我们也想着怎么为桥下空间带入一些亮色，带入一些科技元素。所以南岸的桥下空间做了很多无人机、太空主题的墙绘，经常有人在那里运动、吹萨克斯风，也很好。说到1号线下方，有十几根柱子，一路向北延伸。做艺术季的时候正好有个西双版纳大象向北迁徙的事，就在想能不能以这个事件为素材？其实大象迁徙对人类也是一种警示，在做了很多稿之后就有了现在桥下绿色几何元素、像象群一样的墙绘，原来灰灰的空间一下子就亮起来了。

还有一块工作涉及桥下的公交总站。我们把两个公交站做了美化，对路面做了清理。另外规划局对行车线路做了调整。这个地方原先比较混乱，因为在道路的尽端，共享单车和机动车都是随便停的。线路重新划分之后，把断头路变成通行道，整个空间反而活了。

Q　我看到蕴藻浜北岸，也就是智慧湾附近的桥下空间也作为体育场馆用起来。

A　北岸做的很早，智慧湾园区在做的时候就同步开始了，当时的想法是一定要把周边的环境做好。北岸下方有个射箭馆，那个已经做了很长时间，还有滑板公园和跑酷空间，以前还做过无人机飞行的基地。前段时间谷爱凌在北岸拍广告，她在社交媒体上发了动态，有很多人来打卡。其实当时我们也做了南岸桥下空间的墙绘，铺了木栈板，延伸到楼梯上去的地方，很多人愿意来拍照打卡。后来这个区域改造的时候，考虑到整体的协调性，就做了调整。

艺术季期间，区里还做了件挺有意义的事。交运智慧湾附近有个居民小区叫呼玛五村，原来居民从小区进桥下空间要在外围兜一圈，后来在靠近智慧湾的地方开了个门，这样能从小区直接进来，无论是交运智慧湾还是滨水空间都变了后花园，居民们受益很大，是真的实现了"15分钟社区生活圈"。

Q 这些工作有些是政府在投入，有些是园区在投入，账能够算平吗？

A 对，即便是做完之后我们还承担了一部分维护、管理的费用。但我的看法是把这些桥下空间作为园区物业的一部分，或者说把我们的园区往外延展了。因为地铁和园区通过桥下空间有一个很强的连接，是这里的一个接入口。每天经过这条通道来上班的人能够有一个好心情，其实对人才的稳定性有很多间接的作用。其实环境好了，给人的感觉舒适了，也会带动园区的整体出租。

其实上海做得好的桥下空间案例，比如长宁的火烈鸟，我们都在看、都在学习。同时这个区域又有些自己的特点，这里不是单纯的激活一个曾经的死角，更重要的是通过桥下空间把蕴藻浜两岸的滨水空间连通起来。你到了沿河区域，往左边走是龙盛小镇，往右边走是我们的交运智慧湾，走进去的话还有星空高架公园，过了河又到了北岸，所以整条动线很长，空间感很好，很丰富。原来大家会问，从地铁站下来到你们智慧湾要走多久？现在大家觉得一路上走走看看，很舒适。有一段时间上海的晚霞很美，我看到很多人在桥上、在河边拍照。沿蕴藻浜一带有很多很美的东西，原来的状态把这些美的东西遮盖掉了，现在都呈现出来了。

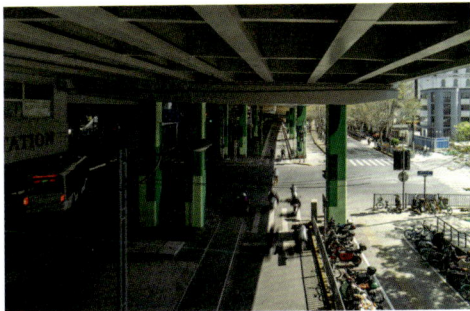

绿色几何元素亮化高架桥立柱

上海数字文旅中心及桥下空间一体化改造

项目名称： 上海数字文旅中心及桥下空间一体化改造
地址： 上海市徐汇区中山南二路漕溪路路口
涉及基础设施： 内环高架路、轨道交通3号线
空间类型： 高架道路桥荫、高架轨道桥荫
桥下空间功能： 绿地广场／公交车枢纽

照片提供：波士顿国际设计 BIDG

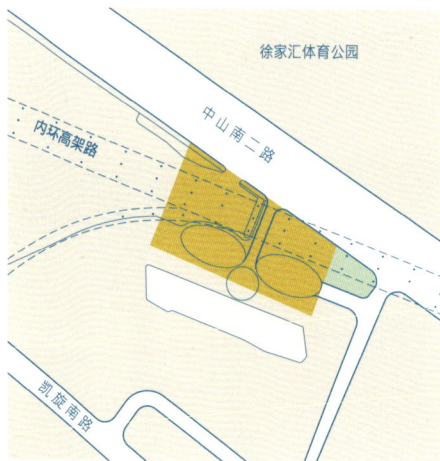

数字文旅中心平面示意

上海数字文旅中心位于徐汇区中山南二路以南，南侧紧邻轨道交通3号线漕溪路站，原先是上海市旅游集散中心所在地。随着各种交通方式的完善和自驾游的兴起，原先旅游集散中心的定位面临变化，数字文旅中心的重新出发同样意味着对所在场地与城市关系的重新认识。数字文旅中心所在的基地很特殊，北面是内环高架路，西面是沪闵高架路和公交枢纽站，南面是轨道交通3号线的高架轨道，东面紧邻商办用地，各种交通设施的包围使得基地像一座孤岛。北面的徐家汇体育公园和西面内环高架路漕溪北路段下方的乐汇小游园已经完成了向城市公共空间界面的转变，开放性与连通性同样是数字文旅中心的诉求，而每个界面所亟待解决的问题亦不相同。设计团队在分析基地现状后认为，"功能、交通、环境"是改造中需要重点解决的三个问题。在功能方面，为了最大程度释放文旅中心前广场空间，将大巴统一规划停放在北侧内环高架路的桥荫空间，并且将相应的旅游集散功能移动至公交枢纽和停车区附近。在交通方面，优先考虑完善以步行为主的慢行系统，将原本封闭的桥下空间打开，通过广场、步道、坡道的形式融入整个区域的步行系统中。在环境

前广场鸟瞰

上，场地呈现出截然不同的面貌：简洁的几何图形将广场划分出不同区域，利用桥下的一跨空间作为数字文旅中心的入口门户，通过桥下波浪形的吊顶强调入口感；整片广场不设围墙，让广场景观向城市街道渗透，为市民提供有吸引力的活动场所；广场也充分考虑了夜间照明和使用，同时将各种市政用房自然地融入景观中。据介绍，未来数字文旅中心的北广场、南侧下沉广场和规划中轻轨高架下的运动广场将与从轻轨站引出的步行桥相连接，形成完整的步行景观系统。步行桥穿过中山南二路，和北侧的体育公园步行系统相联系，为周边各条轻轨线路站点间换乘的步行人流提供便利，也是对基础设施与城市空间的再次缝合。

数字文旅中心鸟瞰

上：广场步道，及与树池结合的景观坐具
下：入口处桥下的波浪形吊顶

临港新业坊 · 源创
全球科创示范区

项目名称： 临港新业坊·源创全球科创示范区
地址： 上海市宝山区逸仙路1328号，近殷高西路
涉及基础设施： 轨道交通3号线（殷高西路站以南段）
空间类型： 高架轨道桥荫
桥下空间功能： 绿地广场

摄影：北北

沿轨道交通3号线或1号线经常出现高架轨道在人行道上方的情况。因为所在路段的差异，对这些桥柱和桥下空间的处理亦有不同。临港新业坊源创在3号线殷高西路站附近，站点为园区带来了可观的人流，高架轨道也成为园区整体界面中不可忽视的元素。园区由曾经的仓储基地改造而来，保留了一部分以淞沪铁路铁轨为代表的历史元素，也决定园区景观较为硬朗、活力的整体定位。园区入口的设计充分利用高架轨道的边界限定，形成园区入口广场，与人行道融为一体。桥柱之间的景观带与园区内部的景观带采用整体设计，进一步扩大了领域感。广场上户外极限运动场地带动了周边地区的活力，飞驶而过的列车成了孩子们腾空跃起最好的背景。

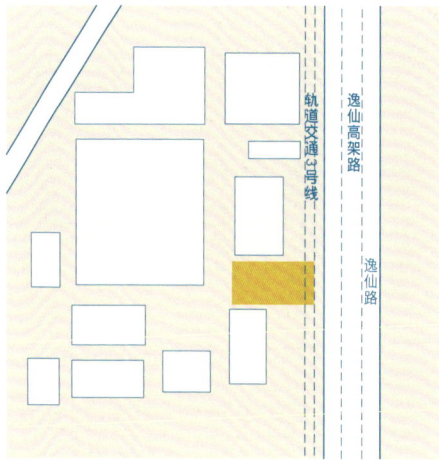

临港新业坊·源创平面示意

园区入口广场

广场上的极限运动场地

孩子们在场地上训练

向前迈！桥下空间服务城市交通

沪闵路 (锦江乐园) 环境整治项目

基地概况

项目基地位于轨道交通1号线锦江乐园站附近。锦江乐园站是周边区域人行和车行到达的重要目的地，地铁站的出入口集散设置于虹梅商务大楼的一层，占据了一层的主要空间。沿沪闵路和虹梅路两侧设有地下过街通道，方便行人穿越车流量较大的道路过街。根据前期调研发现，锦江乐园站周边的住宅区密集，对站点的使用需求很大。地铁站西面的住宅区到达站点人流、非机动车流、停车等交织非常复杂。沪闵路以北的居民可通过地面过街到达地铁站，而以南的居民则必须经由地下通道到达。虽然沿途经过的广场、人行道上均有划定非机动车停车区域，但是人们依然会选择将非机动车停放在地铁站西面的地道出入口附近，大量侵占步行空间，人行道上的人车混行和非机动车逆向行驶又进一步加剧交通拥堵。相比之下，地铁站东面的非机动车乱停放情况则减少许多。除此之外，地铁站东侧有小型客车停车场、停车库，虹梅商务大楼北侧的道路沿线有公交车和出租车的临时停车点，西端有公交车终点站，使得小客车、公交车和出租车混杂，同样也造成了步行系统的不畅。沿

项目名称：沪闵路 (锦江乐园) 环境整治项目

地址：上海市徐汇区沪闵高架路南侧 (虹梅路至轨道交通1号线锦江乐园站)

涉及基础设施：沪闵高架路 (虹梅路地道口至锦江乐园站)、中环高架路

空间类型：高架道路桥荫及围合空间

基地面积：7300平方米

桥下空间面积：1800平方米

桥下空间功能：通道/非机动车停车

建设主体：徐汇区凌云街道

设计单位：格吾景观设计工程 (上海) 有限公司

设计与建成时间：2019—2021

照片及图纸提供：格吾景观设计工程 (上海) 有限公司

桥下空间俯瞰

途的垃圾房、高压线塔、零星违章建筑和沿路的围墙在内的设施，以及天空中交错的高架道路，共同造成了道路沿线城市界面凌乱的现状。

沪闵高架路和中环高架路在此交会，形成了有覆盖的桥下空间。桥下空间的面积虽然巨大，但是改造前被围墙和花池零散分隔，缺少明确的使用功能界定。如果能将这个空间化零为整、通盘考虑，就能成为理顺交通流线和疏解停车压力的关键节点。同时应当意识到，锦江乐园地铁站的问题并不能仅仅依靠重新设计一处桥下空间解决，问题的根本还是在于对区域空间资源的问题梳理与匹配。这需要从系统性的工作视角出发，以问题为导向盘活闲置资源、平衡空间利用，同时合理组织人车分流、非机动车停放等问题，提升步行体验，优化环境品质。

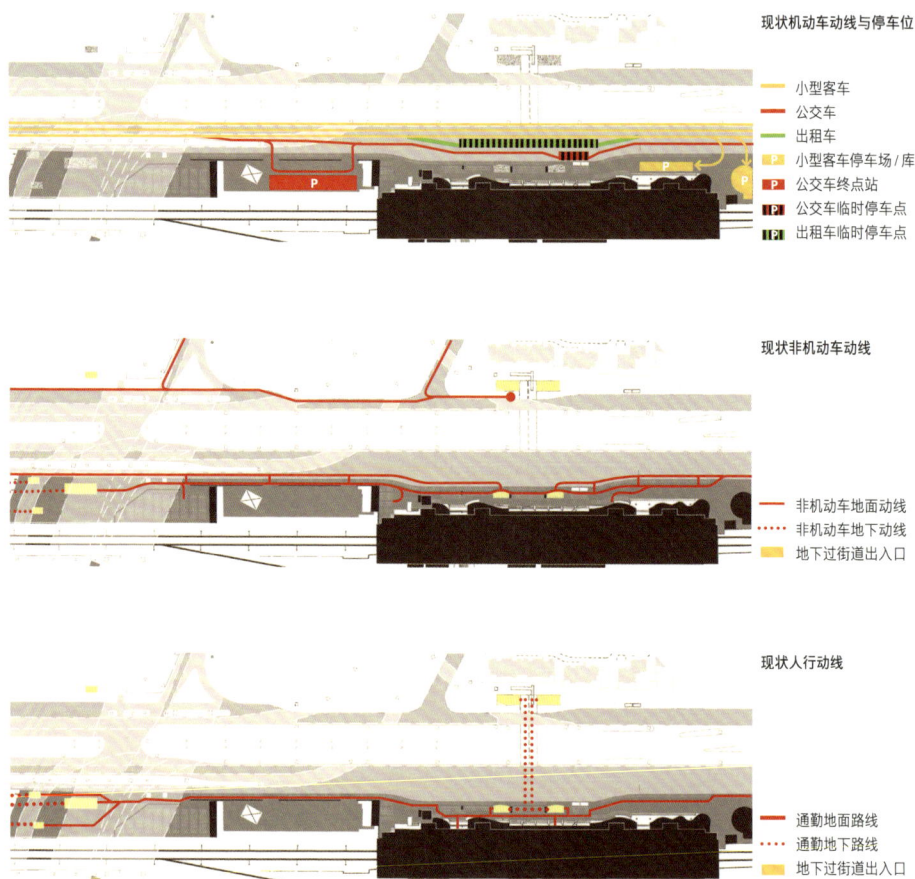

现状机动车动线与停车位

— 小型客车
— 公交车
— 出租车
P 小型客车停车场/库
P 公交车终点站
P 公交车临时停车点
P 出租车临时停车点

现状非机动车动线

— 非机动车地面动线
···· 非机动车地下动线
地下过街道出入口

现状人行动线

— 通勤地面路线
···· 通勤地下路线
地下过街道出入口

设计策略

造成基地现状混乱的因素是多样的，包括环境、设施、使用习惯与视觉标识，要彻底改变现状需要多个主体、管理部门、运营部门和设计师的通力合作。基地的空间虽然连续，但是涉及了凌云街道、申通集团轨道交通1号线、市政部门、西南汽车站、虹梅商务大楼一层商铺等多个主体。启动桥下空间改造的前提是通过大量的协调工作让多主体间达成共识。项目前期，多方与设计团队共同讨论确定的实施方案，是桥下空间释放的必要基础。改造手段本身反而是轻质而有效的，合理运用空间，在必须之处加入设计点就已足够。

在实施过程中，设计师从使用者的视角切入体验和思考。从现状问题出发，将设计任务聚焦在以下四项：梳理慢行系统并优化市政设施布局，重塑城市界面，提升景观空间以及柔化设施边界。四项工作可以对应到对人行道地面划分，围墙处理，地铁站站前和地道口广场设计，以及绿化带设计。其中，地道口广场位于沪闵高架路和中环高架路的正下方，是基地中最大的集中用地，也是本次改造的重点。尽管最终的实施方案未能实现设计的全部设想，但已经取得了明显的提升效果。

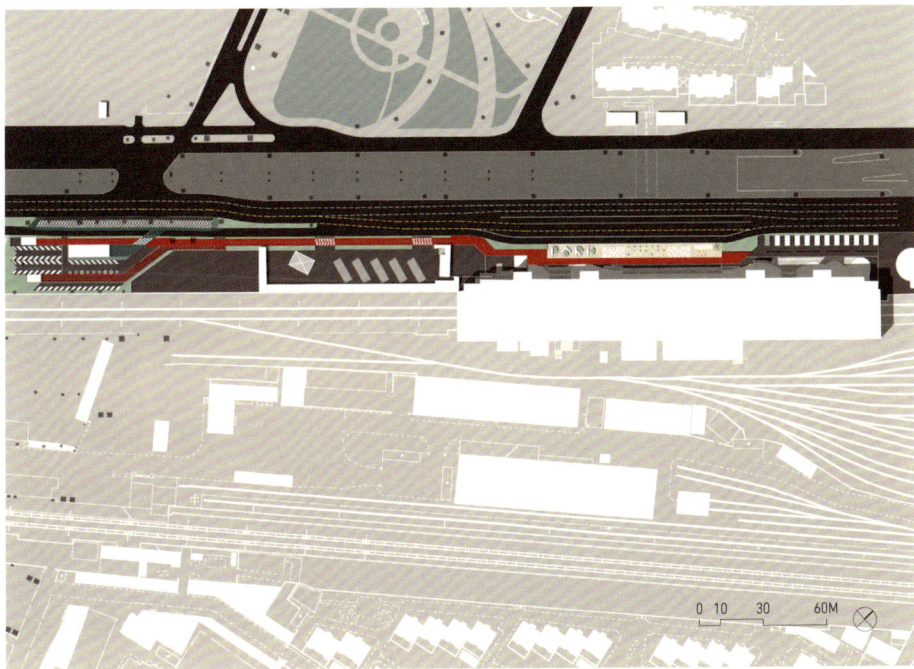

0 10   30   60M

总平面

上：地道口广场改造前
下：沪闵路南侧人行道改造前

上：地道口广场改造后
下：沪闵路南侧人行道改造后

项目启示

改造后的空间最大的改变就是"清爽"了许多。以桥下的地道口广场为起点，设计将原先铺设的地砖和景观花池拆除，改为防滑耐磨的彩色沥青路面。在此基础上重新划分步行区域与非机动车停车区域，并通过简洁的直线围栏分割。结合城市家具与花池设置灯光，为桥下空间补充照明。地面上的红白二色图案是桥下空间最鲜明的视觉元素，红色是直线，引导行人的前进方向；白色短线做斜向45度处理，既区分了停车区域，也提示了停车方向。这些元素是从常见的道路交通标线中获得的灵感。红白双色的设计也延续到垂直界面围墙上，为了呼应来去两个方向的人流，围墙做了折角处理，因此两个方向上看到的颜色和图案不同，为通勤的路程增加了趣味。桥下空间中的视觉元素被整体延续到地铁站前广场，红色的地砖和红色标线的路面有效地指示了地铁站的行径方向。西南车站的围墙被一并改造，穿孔金属板的设计改变了原本闭塞的界面，结合围墙设置的绿化带增添了绿意与亲切感。沪闵路桥下空间项目带来的启示是对根本症结的疏解以及设计动作的准确性与有效性，这样才能带来真正的改观。

地道口广场往地铁站方向

上：桥下地道口广场
下：桥下非机动车停车区域

"设计介入的手段可以很轻，但是必须起到效果"

格吾景观设计工程（上海）有限公司合伙人、主持设计师顾济荣、沈懿荣访谈

Q 沪闵路环境整治项目无论在位置还是需求上都体现出相当的复杂度，能介绍下项目的缘起吗？

A 这个动议是凌云街道提出的。从锦江乐园站地道出来的地面，常年存在着机动车乱停放的问题。其实附近有个很大的停车场，但是因为离地铁站太远了，没人用，大家还是喜欢就近停放。在原本只有4米宽的通道上停放了大量非机动车，把人行通道压缩得很窄，所以设计过程中一度想把站前停车全部取消，以步行的舒适度为优先考虑。

Q 那么街道层面有能力推动这种规模的改造吗？

A 徐汇区政府在开展大调研的过程中发现了这个问题，最后由街道作为主体来落实解决，与虹梅路地下通道的改造提升同步实施。城市治理是推动项目的根本原因，因此整个项目名称也叫"沪闵路（锦江乐园）环境整治"，不仅有设计，还有管理。项目涉及的方面很多，包括街道、地铁、车站等，我记得前期协调工作就花了一年多时间。

Q 改造前的状况更像是通道还是停车场？

A 这个位置最早也是一个停车场，功能没有发生改变。但是出于使用习惯，大家都会选择方便的位置停放，导致停车集中在人行道上。我们做的动作是重新规划停放位置，强化人行通道的动线，把通道两侧的空间释放出来。这里必须要讲到桥下空间的优势和特殊性，因为地道出口和广场被桥体覆盖着，下雨天也淋不到，是最适合停车的区域，只是之前没有被利用好。在我们最初的设想中，地铁站前广场更像是一个人的会合点，周围应该没有车，但是现在用下来并没有实现当初的设想。

Q 这个项目看起来空间条件很复杂，但是最后的设计策略又很轻巧。

A 这个项目很特殊的一点是目的地的唯一性，就是锦江乐园地铁站。大家的诉求只有一个，能够安全、快速、没有障碍地走到地铁站。在这个过程中，视觉和色彩引导会很有效，但是又不能喧宾夺主。设计介入的手段可以很轻，但是在引导人流、引导停车方面应该有很明显的提升效果。地面标线的设计就是这么来的，本来就是要解决交通问题，所以直接联想到借用交通符号。尤其是斜线，既是停车的划分，也是箭头的指向，能很方便地控制停车的间距，功能和图形本身的特征结合得比较好。我们回访的时候发现大家也大多遵循这样的方式停放。

这里也可以看到沪闵路、中环路或者类似桥下空间的特征。如果不给桥下赋予明确功能的话，对颜色的选择往往会有偏差，很容易变成没什么道理的视觉设计。但是在我们的案例中，桥下空间有特定的功能，只需要在功能的基础上去做一些改善就行了。这些设计语言的产生是自然而然的，并不是说为了增加设计感而去做设计。同一个基地，当它没有停车问题的时候，我不敢说目前的解决方案是最好的；但是正好有停车问题要解决，设计就很自然地发生了。

中运量71路公交
延安高架路沿线

项目名称：中运量71路公交延安高架路沿线

地址：上海市延安东路外滩至沪青平公路

涉及基础设施：延安高架路

空间类型：高架道路桥荫

线路长度：17.5公里

桥下空间功能：公交车道/停靠站

建设时间：2016—2017

摄影：北北

延安路由地面和高架两部分组成，长期以来是上海重要的东西向客运走廊，也是上海"三横三纵"主干路网的"中横"。中运量71路公交沿延安路地面行驶，又被称为延安路中运量交通系统工程。整体工程于2015年启动可行性研究，2016年开工建设，2017年正式开通运营。此前，延安路沿线已经布设有侧式公交车专用道，并且运行多条公交线路。面对公交线网衔接轨道交通等诸多需求，中运量71路的定位是公交骨干线，优化中心城中部地区东西向的公共交通层次。为了更好地确保运营，延安路通道上进行了公交线网优化，对桥下空间公交专用道的中途站也做了细致考虑。

71路华山路站平面示意

连接华山路站的人行天桥

71路中运量行驶线路全长17.5公里，自西向东途经高虹路、申昆路、沪青平公路、延安西路、延安中路、延安东路、外滩中山东一路，从延安东路外滩至沪青平公路段沿延安高架路而建。全线大部分路段设有布置在道路中心线两侧的公交专用道，部分路段利用高架道路桥墩或上下匝道作为隔离。多数桥下站点设置双车道或港湾式停靠，避免车辆进站时对其他车道的影响。这些站点均结合空间现状条件设计人行衔接，比如凯旋路站、江苏路站采用人行天桥结合平面过街的模式，华山路站、西藏南路站和外环路站采用人行天桥过街模式，其余站台采用平面过街模式，也造就了多样化的桥下空间利用方式。

中运量71路专用车道及华山路站

华山路站与人行天桥

Go Parking

项目名称： Go Parking

地址： 上海市徐汇区中山西路三汇路路口，徐汇区虹梅南路，近梅陇港

涉及基础设施： 内环高架路、中环高架路

空间类型： 高架道路桥荫

桥下空间功能： 停车

摄影：北北

Go Parking 是一个专注于利用高架道路下消极空间解决停车问题的品牌，这样的探索既是对空间开发利用的创新，也是对配套技术、运营管理模式的创新。目前已经建成的两个停车场为高架道路桥荫空间的开发利用提供了可参考的成功案例。其中，位于中山西路三汇路高架桥荫的 Go Parking 停车场是徐汇区首个高架道路桥荫空间改造成智慧停车场的试点，于2019年投入使用。2020年，结合周边社区的具体需求，位于虹梅南路中环高架下方的又一个 Go Parking 停车场建成投入使用。两处桥下停车场有统一的特征，例如精细规划停车区域，合理分配车位及数量，运用智能停车技术管理，采用个性化的运营服务等。将桥下空间作为停车场使用的做法并不少见，但是与传统模式相比，Go Parking 在空间规划、智能技术、整体环境的舒适度上都有了极大提升。

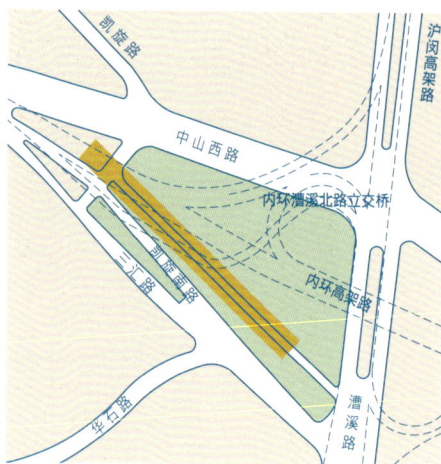

Go Parking 中山西路三汇路平面示意

124

Go Parking 中山西路三汇路

Go Parking 中山西路三汇路

上：Go Parking 虹梅南路平面示意

下：Go Parking 虹梅南路

苏河超级管

项目名称：苏河超级管

地址：上海市长宁区江苏北路万航渡路路口

涉及基础设施：江苏北路桥（苏州河南岸）

空间类型：跨河桥桥荫

桥下空间功能：通道/休闲娱乐

照片提供：上海翡世景观设计咨询有限公司

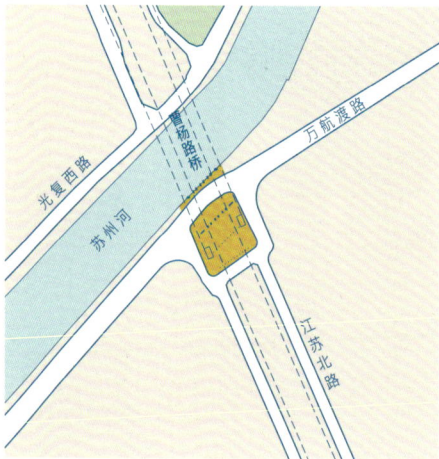

苏河超级管平面示意

"苏河超级管"于2023年底开放，被喜爱它的市民们亲切地称为"梦核公园"。项目位于长宁、静安、普陀三区交界的位置，是江苏北路桥苏州河南段的桥荫空间。江苏北路桥桥面宽阔，桥身覆盖下的空间也较为充裕，但是很长一段时间以来都是封闭状态，既无法有效地使用，也缺乏妥善地管理。桥体周边现状存在不少市政设施，包括基地南面的市政用房、东南面的垃圾压缩房和基地内的环卫收集站。同时，有不少不可改动的市政供水管道穿过桥体。这些因素造成了江苏北路桥下空间的多重问题。在交通层面上，行人、非机动车、机动车都从桥下狭窄的通道经过，流线交叉，安全性与体验性都不理想。在空间层面上，大量空间处于低效或无效使用的状态，连续的围合面加剧了周边道路空间的压抑感。此外，市政管道、市政用房以及各种混乱的标识和零碎空间，是整体环境不理想的主要原因。

在对场地做充分分析之后，设计团队明确了围绕场地中需要改造的内容，除了打开被桥身覆盖的空间之外，周边的道路界面也是改造的重点。当原本封闭的桥下空间打开，形似柱廊的桥柱也显露出来。这为沿苏州河的滨水体验释放了公共空间，也让人、

上：灯光开启时
下：苏河超级管鸟瞰

上：改造前上下桥楼梯
下：改造前桥下通道

车流线的区分成为可能。通过对空间的重新规划，人行流线引入桥下，把路面完整地留给机动车和非机动车，桥身周围为非机动车的停放留出空间。设计没有回避场地中的各类市政元素，从黄色的管道开始，联想到带有工业特征的孟菲斯风格。高饱和度的颜色和简练的几何形态将原本有距离感的管道和活泼的活动空间融合，反而成为场地的特征。在完成空间的塑造后，植入的城市家具、艺术装置和地面铺装又进一步丰富了空间的细节，映衬着苏州河沿岸的工业历史文化。通过打开桥下空间，"超级管"有效地解决了交通问题，改善出行体验。

上：字母通道
下：跷跷板游乐设施

彩虹通道

项目名称：彩虹通道

地址：上海市嘉定区佳通路，轨道交通南翔站附近

涉及基础设施：沪嘉高速、轨道交通11号线

空间类型：高架道路桥荫、高架轨道桥荫

桥下空间功能：通道

图片来源：
https://mp.weixin.qq.com/s/MQjs71wBJoBXNTjSrfcObg

彩虹通道平面示意

彩虹通道指的是连接轨道交通11号线南翔站到站点以北的金地格林社区之间的通道。南翔站的周边呈现出典型的新城面貌，轨道交通11号线和沪嘉高速是区域内重要的交通设施，横亘在整片区域，占有交通联系的最高优先级，也造成了周边城市空间、河流的碎片化。在基地中面临着几重问题：从地铁站到社区有十分钟左右的步行路线，而这段距离几乎在各种高架设施的覆盖下。因为高差的原因，这段沿河的通道自沪嘉高速路匝道桥下方穿过，又从沪嘉高速主路下穿过，净高低，宽度窄，入口很不显眼，并且显得压抑昏暗。虽然这是很多居民回家的必经之路，但居民普遍反映害怕。2018年底，在多方支持下发起了"社区唤醒行动"，将这条桥下通道作为设计改造对象，以公益行动的方式重新唤醒这条通道。设计的策略简单直白，通过植入64根色彩渐变的柱子，将这段曾经昏暗的桥下空间转变为一条彩虹通道。64根柱子顺应桥洞间的折线道路序列形成七彩渐变色，它让一条连接金地格林世界社区和南翔地铁站的回家路变成独特的风景线。因为彩虹色的公共区域，给了路人积极的暗示，打造了社区中一个独特、包容而有温度的地方。

改造后的彩虹通道

淞虹路桥下空间

项目名称： 淞虹路桥下空间
地址： 上海市长宁区淞虹路桥，近中新泾公园
涉及基础设施： 淞虹路桥
空间类型： 跨河桥桥荫
桥下空间功能： 通道

摄影：北北

淞虹路桥下空间是长宁区新泾港慢行系统中的一个节点。慢行道沿苏州河支流新泾港而建，北至北翟路，南至虹桥路，全长3.7公里，途经多座桥梁，对桥下空间的处理也回应了不同路段的情况。淞虹路桥是随慢行系统建设打开的一处桥下空间，将慢行道与中新泾公园串联起来。桥下空间未开放时，周边居民无法从绿道直达公园，必须在地面绕行至公园正门。桥下空间打开后，既强化了沿河绿道的连贯性，也极大地便利了周边居民到达公园，往北还可到达福缘禅寺、息焉堂等新泾港沿线景观。因为淞虹路桥面宽阔，桥底空间不仅是快速通过的节点，也是可以停留、活动的半户外空间。覆盖空间的桥底遍布写意的笔触，从抽象的线条中能分辨出自然、人物的不同形象。无独有偶，在新泾港慢行系统中新建的福缘禅寺的放生桥，桥下空间同样被用作一处简洁、雅致的小广场。

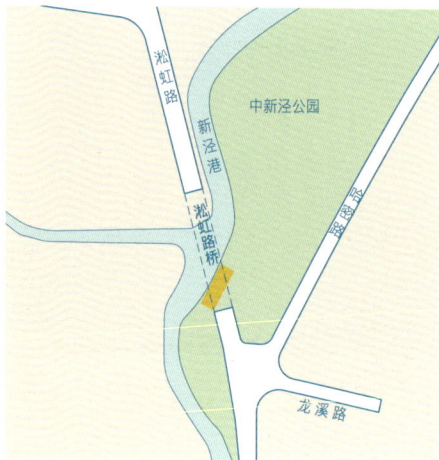

淞虹路桥下空间平面示意

上：畅通的滨水步道
下：桥底的写意笔触

长宁外环生态绿
道桥下空间

项目名称： 长宁外环生态绿道桥下空间
地址： 上海市长宁区外环生态绿道内
涉及基础设施： 多座
空间类型： 跨河桥桥荫、高架道路桥荫
桥下空间功能： 通道/停车

摄影：北北、郑海凡

长宁外环生态绿道位于上海市中心城区外环西侧，前身是100米宽的防护林带，也是全长98公里外环绿带中的一段。项目从2017年启动改造，目的是将市民"无法走进"的防护林带转变成城市公园，同时保留自然野趣，至2019年底全面贯通开放。生态绿道全长6.2公里，北起苏州河，南接虹桥路景观迎宾道，沿线面临多条道路和水系阻隔。以河流水系为例，除外环西河贯穿南北以外，沿线由北至南还涉及纵泾港、朱家浜、双泾枝河、绥宁河、周家浜、现状河、午潮港、夏家浜、南夏家浜，共计9条现状河道。此外，还有位于广顺北路、仙霞西路、午潮港和北夏家浜的四座桥涵。在天山西路和外环线交叉口设置了下穿天山西路外环辅道的地下慢行通道；为了连接北翟路近外环线两端的绿道，设置了北翟路跨线慢行桥。可以说，在长宁外环生态绿道的贯通工程中，以不同的设计手段和实施方法回应了因为跨越城市屏障带来的不同空间节点，最大程度地确保绿道的流畅体验。在广顺北路桥涵和仙霞西路桥涵中，以蒙德里安的经典图案为元素，在视觉上强调了通道和入口，同时又利用进深空间提供自行车租赁等服务性功能。

广顺北路桥涵

联泾港桥（一号桥）

苏州河

朱家浜桥（二号桥）

双泾枝桥（三号桥）

北翟路跨线桥

北翟路

天山西路地下慢行通道

天山西路

绥宁河桥（四号桥）

周家浜桥（五号桥）

外环高速

仙霞西路桥涵

仙霞西路

六号桥

午潮港桥涵

午潮港桥（七号桥）

北夏家浜桥涵

夏家浜桥（八号桥）

南夏家浜桥（九号桥）

虹桥路

长宁外环生态绿道平面示意

上：北翟路跨线慢行桥
下：天山西路下穿慢行通道

上：广顺北路桥涵
下：仙霞西路桥涵

苏州河武宁路
桥下驿站

基地概况

    基地位于跨苏州河两岸的武宁路桥的普陀区境内。武宁路桥从最早的钢筋混凝土单臂悬三孔桥开始，经历两次拓宽，形成目前39米的桥面宽度。2008年，为迎接上海世博会，仿照巴黎塞纳河上亚历山大三世桥的风格对武宁路桥进行了景观改造。组合柱式的桥头堡和金色的雕像是武宁路桥的标志，也是一个特定时代的城建烙印。

    2020年，苏州河普陀段公共空间初步贯通后，逐渐进入品质提升阶段，随之启动苏州河驿站的规划选点与示范建设工作，并形成了滨河沿线25个驿站的布点。由于沿苏州河的用地条件复杂，在一期工作中共选择了三个代表不同场地空间类型的驿站作为试点实施。其中，普陀公园驿站代表城市公园入口广场空间与周边环境整合，顺义路口袋公园驿站代表城市缝隙场地的利用，武宁路桥下驿站则是对桥下空间环境的优化和功能积极化做出的尝试。因此，武宁路桥下驿

项目名称： 苏州河武宁路桥下驿站

地址： 上海市普陀区光复西路武宁路路口

涉及基础设施： 武宁路桥 (苏州河以北)

空间类型： 跨河桥桥荫

基地面积： 485 平方米

桥下空间面积： 238 平方米

桥下空间功能： 咖啡馆/休息室/公共卫生间/展厅/城市看台

建设主体： 普陀区市政管理中心

设计单位： 致正建筑工作室

设计与建成时间： 2020—2021

空间照片及图纸提供：致正建筑工作室
活动照片提供：戈苹

站对于桥下空间而言是个案，又与其他两处驿站共同构成了系列化的尝试。

光复西路下穿武宁路而过，机动车交通量虽然不大，但噪声不小，桥上武宁路繁忙的车流不时带来震动感。同时，桥洞内的场地局促，驿站可建范围仅道路两侧人行道之外两三米进深、二三十米长的狭小场地，其中一侧是一整段护坡。但是选择在武宁路桥下建设驿站对于两侧的老旧小区而言是有意义的，其初衷在于如何盘活城市原本消极的空间，塑造成向社区倾斜服务的日常公共空间。

上：武宁路桥下驿站
下：非洲鼓公益活动

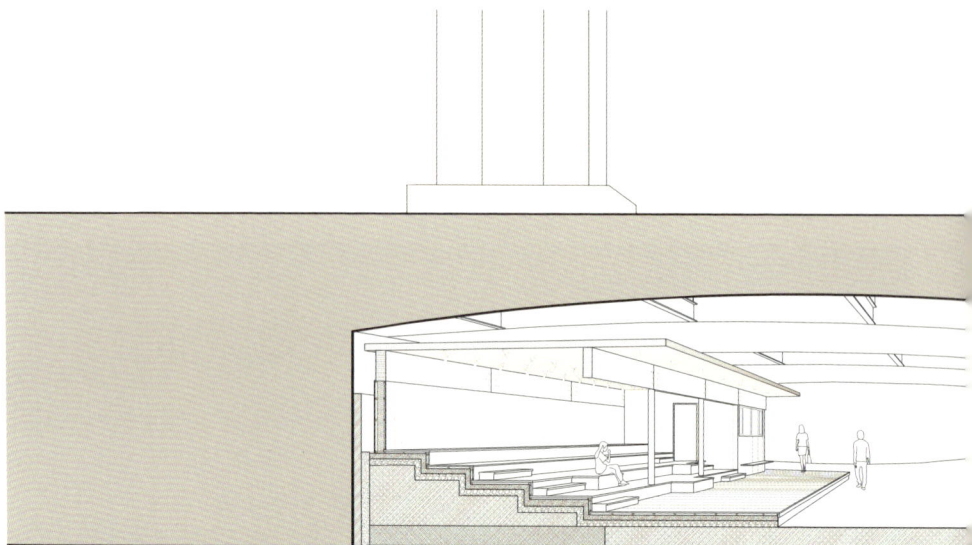

上：剖透视

下：光复西路两侧

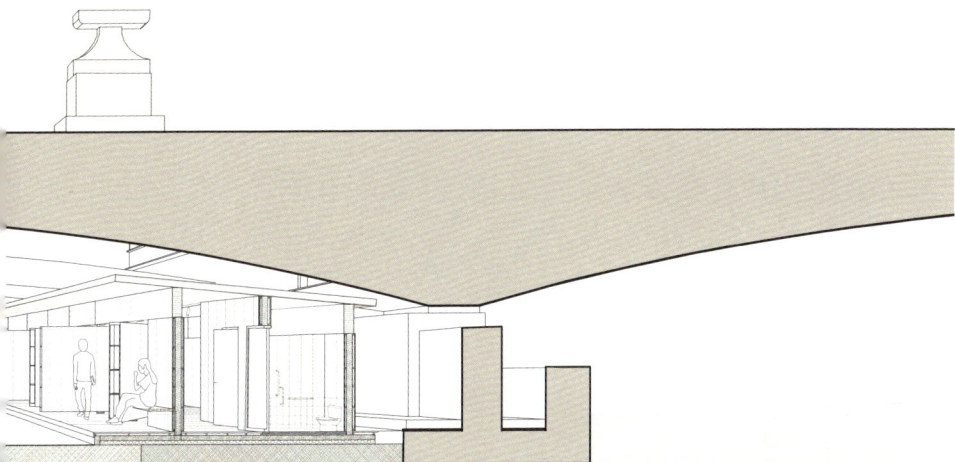

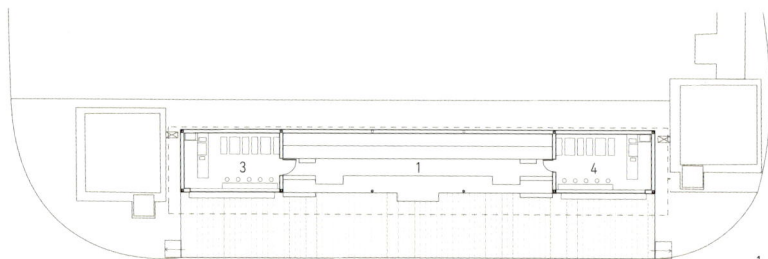

0 20 60 120m

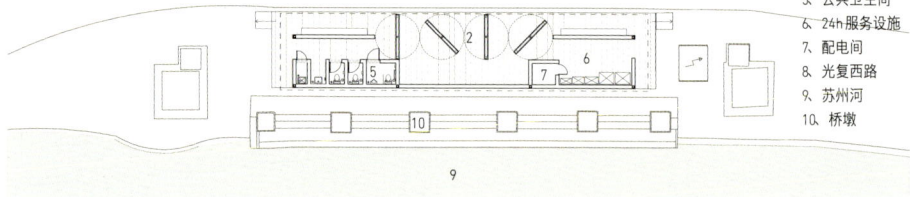

1、城市看台
2、展厅
3、咖啡室
4、休息室
5、公共卫生间
6、24h服务设施
7、配电间
8、光复西路
9、苏州河
10、桥墩

0 1 3   6M

上：区位图
下：平面图

设计策略

作为三座苏州河驿站的设计师，致正建筑此前已经在包括黄浦江东岸望江驿、杨浦滨江驿站在内的多个项目中积累了丰富的经验。与这些驿站相比，苏州河驿站每块场地的条件复杂各异，也决定了无法以标准化形制的做法来应对。设计团队选择从功能模式出发，将功能视为不同规格的空间组建模块，比如公共卫生间、24小时服务设施和公共休息室等，再根据具体的场地条件进行拼合。除了驿站中必须的配备，更多的空间和变化留给了开放、可变、能容纳自主活动的使用方式，包括小展厅、舞台剧场、檐廊等，目的是为了在有缺陷的环境中创造一种新的让人接受的氛围，于是噪声或震动也自然地成为市井气息的一部分。顺应桥洞本身的条件，在光复西路北面形成了一个开放的阶梯式的"城市看台"，两端预留了两个可以作为休息室或道班房的小房间。南面紧贴防汛墙和桥墩，在两端设置卫生间和自动售卖机、储物柜等服务，中间留出与城市看台相对的迷你展厅。

考虑到桥下施工条件有限，无法使用大型机械，且不能影响交通，设计团队采用了钢木混合的胶合木建造系统，控制构建尺度，便于简单快速的人力施工。原本冷峻的桥洞下植入了两条温暖明亮的木质体量，也形成了桥洞道路两侧友好的新界面。

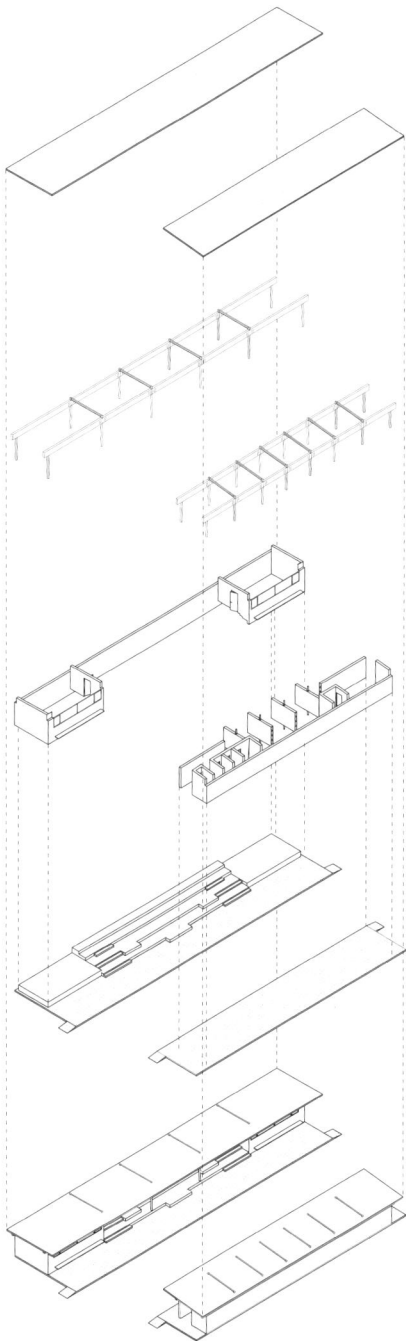

结构轴测拆分

日常使用

武宁路桥下驿站咖啡馆的开设是个机缘巧合。既有主管部门的动议，也缘于木业施工团队对项目的感情，驿站落成之后，在看台以西的小房间内迅速开出了一家咖啡馆。咖啡馆的初衷是为往来人群提供一些便利，也为周边社区提供一处共享空间，缓解政府对于如何尽快运营小微空间的压力。随着咖啡馆的运营逐渐步入正轨，社区的力量开始逐渐显现，也为桥下空间积累了一批稳定的使用人群，包括周边的中老年居民、年轻人、孩子、外国人。更有意思的是，一些音乐、表演、运动主题的社群也"发现"了这个特别的场地，陆续慕名而来。尽管咖啡馆运营的时间并不长，但无论是桥下驿站的建设，还是咖啡馆的尝试，都是对社会多元活力共建共创的见证。2022年4月至5月，在上海疫情最严重的封控阶段，桥下驿站曾经成为维系城市物流运转的快递骑手们的露宿营地，最高峰时可能有五六十个骑手在此休息。桥下咖啡的店主在封控关店前让驿站室内外灯光全开，这个曾经冷峻的桥洞成为城市的温暖之光。

桥下咖啡馆

夜晚亮灯的驿站

"桥下空间有没有可能成为某种出口，或者有没有尝试的可能性，这对我来说更有意义"

致正建筑工作室主持建筑师，同济大学建筑与城市规划学院客座教授张斌访谈

Q　致正建筑参与了上海很多驿站的设计与建设工作，我们就先从这点开始，谈谈武宁路桥下驿站的系列性与特殊性吧。

A　致正的驿站实践大概持续了六年，这是一个我们不断在应用中了解、掌握并且主动选择做法的过程。2017至2018年间，使用标准化的快速建造回应了22座东岸望江驿的需求，也确立了市民服务驿站的基本范式，这是1.0阶段。在杨浦滨江和黄浦滨江完成的驿站有些不同，是针对具体的场地和空间做差异化定制改造，这是2.0阶段。苏州河普陀段，也包括武宁路桥下驿站是3.0版本，用模块化、组件化的设计策略应对局促的场地。在2023年建成的长宁外环生态公园带驿站中又有了新的尝试，是通用技术与环境之间的双向调适。

　　回到武宁路桥下驿站，在整个驿站实践中，它又显得很特殊。桥下空间是个有缺陷的空间，虽然说改完了，但是噪声和震动是无法回避的。特别在意这些缺陷的人肯定不会喜欢桥下，但是喜欢的人可以容忍这样的缺陷，对吧？这是这个项目的基调。在我们其他的驿站项目里会预留一些室内空间，鼓励大家自发使用。但是桥下不一样，空间有限，做成开放空间其实更适合这个场地，所以我们在功能组件里做了看台，做了小展厅，两者之间也可以形成舞台的关系。这样的空间其实也欢迎比较自发的使用方式。也有人提出，会不会被侵占，会不会不受控，等等。但是上海的城市发展已经到了现在的阶段，完全可以去尝试更温暖、更人性化的管理方式。

Q　这些感受来自非常日常的生活体验。

A　巧合的是，这三个驿站离我小时候生活的地方很近，我家就在武宁路驿站和顺义路驿站的北面，离苏州河大概100米的地方。记得小学时参加学校的射击队，每天天不亮教练带着我们沿着马路和苏州河跑三千米，经常路过武宁路桥下。那时这一段苏州河边有蔬菜批发市场，各种工厂，还有不少运粪的码头，和现在完全不一样。一直到大学前我都生活在那里，虽然2000年后拆迁建起了商品房小区后换了面貌，但当时的棚户区、老旧工房、工厂，还有那里的环境，都是我再熟悉不过的。

　　正是小时候的经历使我更理解这片场地的特质，甚至带有某种情感色彩。所以当时普陀区选定桥下空间做驿站，将消极的空间通过设计积极化，我是非常赞同的。同时，驿站对周边社区也会有一定支撑作用，可以增强大家的认同感。

Q　武宁路桥下驿站开设的咖啡馆是一段既短暂又重要的经历，您从建筑师的角度怎么看呢？

A 所有驿站都有个基本的运营成本，最起码的安全与保洁，一年就要花掉不少钱。驿站还要有内容，但大多是公益的。咖啡馆这样小微的经营尝试并不多，但是大家又都很需要，桥下咖啡馆做了一个这样的尝试，而且是民间多元力量的参与。其实从城市空间资源整合的角度来说，需要一些多元力量能够进来，这需要做一些制度上的小小设计甚至突破。会对这样空间感兴趣的人，大多还是抱着公益的想法，并不是追求商业利润，能覆盖基本成本就行。一旦有这样的力量介入，政府的纯投入就可以变成补贴，让加入进来的社会力量做一些公益或半公益性质的运营，这样两相结合就能进入可持续的运营。但是我们接触下来觉得的确还是比较难。

这也是桥下空间会面临的一个困境，比如运动类的空间可以找到洛克公园这样的运营方，做全体育活动还行。但一旦无法做体育活动或者没有明确的经营主体，桥下空间的环境也没有什么优势，就会产生长效运维的困境。无论是驿站还是桥下空间，周边公共开放的部分做到有管理、有维护还是有可能的。难的反而是涉及的内部空间，这些空间能不能用好、能不能维护好是个问题。

Q 所以考虑到桥下空间的性质，反而适合做这样的尝试。

A 我曾经为《建筑师》写过一篇文章，用"出口"来形容桥下这样的空间，无论是正常情况还是紧急情况。这也跟我们一直在做的城市研究有关，我们调研的这些东西，那些无身份的、非正式的但是又不可能消除的东西，最后都能归结到"涂涂改改"建筑学。驿站当然不是无身份的，也不是自下而上的，但是它最后起到的作用有点像一个巨大系统中的"出口"。巨大的系统是城市的基础设施和发展计划，但是我们做的很像是让人可以喘口气、歇歇脚的地方。所以这类空间是否具备日常性会特别重要。

确实我们这么多驿站做下来，一开始是凭本能，但是做着做着发现这类项目不是在考验你的设计有多特别，而是你的设计不能被人讨厌。市民能接纳，就完成了一大半工作，然后你再把需要的功能，驿站所能提供的便利性或容纳性考虑到位，设计就够了。这些空间做出来有人用才是最关键的，如果有人能自发地参与进来，不管是对内容的丰富性也好，对运营的减缓压力也好，都是好事。从建筑师的角度，我当然欢迎所有的自发参与，但是自发的参与需要空间的土壤，也需要社会的土壤。桥下空间有没有可能成为某种出口，或者有没有尝试的可能性，这对我来说更有意义。

"有人能感受到这个场所，这就是我们最大的期待"

武宁路桥下空间经营者戈苹访谈

Q　写这本书时和设计师张斌老师深聊了一次，他建议找您从经营者的角度聊聊。过去一两年里，因为各种各样的原因，武宁路桥下空间受到的关注很多，所以很想听听您的讲述。

A　从我们来讲的确是机缘巧合。我所在的思卡福建筑科技担任了武宁路桥下空间的木结构设计与施工。我们也对桥下空间有很美好的愿景，希望它能切切实实改变周边居民的环境。当时正好有开咖啡馆的动议，我们觉得给这个空间一个新的面貌挺好的，就想做这样一个尝试。做的过程很受鼓舞，我们当时没有考虑过盈利的问题，更多的还是出于社会公益。

Q　您之前有经营咖啡馆的经验吗？

A　我们不是很有经验，但是想把它做好。上海另一处很有名的永嘉路口袋公园也是我们施工的，就这样认识了那家咖啡馆的主理人，他带着桥下咖啡馆做了一段时间熟悉业务。后来是我的另一位朋友接下了主理人的工作，她有经营书店的经历，很热情，有爱心也有耐性。除了她以外，还有位聋哑姑娘是全职，忙的时候还会有兼职同事过来一起帮忙。

从无到有是个很难的过程。桥下咖啡馆步入正轨之后，我们把咖啡馆对面的一半空间也开出来，当时起名叫"幸福之家"。那里布置也很有家的感觉，有沙发、有壁炉，其实就是像大家聚会的场所，我还拿了一台钢琴去。那个时候确实蛮有氛围的，办过很多活动，有小朋友的个人演奏会，有给聋哑人办的插花课。还有摩托车队的活动，西藏旅拍回来的摄影分享，狗狗派对，非洲鼓演出分享，等等。桥下咖啡馆有很多美好的回忆，也经历了很多波折，最后还是没有做下去。

插花课

Q 这些活动都是周边的居民发起的？

A 有些居民蛮热心的，会自发地帮我们去组织一些活动。还有路过的人看到这个空间有意思，会相互介绍。

Q 这种连接方式倒是挺意外的，在这个重度使用网络的时代里，这种连接方式甚至显得有些原始，或者说完全是靠这个空间完成连接的。

A 我们觉得这是一个要让别人来的场所，你不来，就失去了我们做这件事情的意义。这样的空间和木结构的房子都很少见，有人能够感受到这个场所，就是我们最大的期待。

Q 您认为这种吸引力跟桥下空间有关系吗？是因为这个空间本身的吸引力，还是因为咖啡馆补齐了周边社区需要的功能？

A 对，我觉得两者都有一些。因为桥下空间毕竟是一个特别的存在。这不像是正儿八经推开商场的大门去一家咖啡店。这里更加亲民，更加接近社区，走过路过就来张望一下，很有生活的画面感。

为什么桥下会得到那么多人的重视？首先是产生了一个大变化。原来的桥下又脏又黑，让大家觉得要快点走过这一段，但是张老师设计的空间呈现出来之后，确确实实是个惊喜，很多人都这么说，这种反差会让人觉得挺有意思的。我们在使用中也非常尊重建筑师的表达。台阶的设置特别好，能容纳很多活动发生。有人来喝咖啡，坐下聊聊天，有些小朋友放学了来做作业，有人来跳舞，有静有动，但是大家在使用中相互协调出几方都舒服的使用方式。空间也好，来的人也好，都有一种安心又轻松愉快的感觉。

狗狗派对

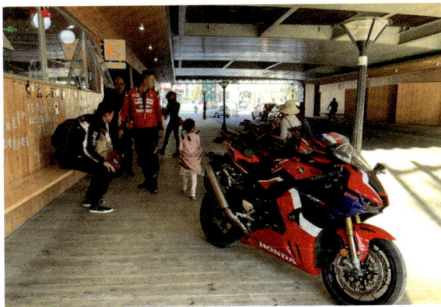

摩托车队

徐汇市政
智慧养护基地

项目名称：徐汇市政智慧养护基地

地址：上海市徐汇区沪闵路虹梅路路口西南侧

涉及基础设施：沪闵高架路（虹梅路段）

空间类型：高架道路桥荫

基地面积：5000平方米

桥下空间面积：5000平方米

桥下空间功能：智能巡查/实训基地/应急保障/展览展示

建设主体：徐汇区市政管理中心、徐汇市政养护工程有限公司

设计单位：上海秉仁建筑师事务所

设计与建成时间：2021—2022

照片及图纸提供：上海秉仁建筑师事务所

基地概况

徐汇市政智慧养护基地所在的沪闵高架路连接着外环、中环、内环三条环线，是南部出入上海市区的交通大动脉。中环路、沪闵高架路共同形成了上海中心城西南区域内的一个重要枢纽节点。其中，中环路跨越轨道交通1号线地面段和金山线，接入通往浦东的上中路隧道。沪闵路高架始建于20世纪90年代，目的是为了疏解南部地区人口增长而带来的交通压力。两条干线在交会处形成了一个巨大、高耸的立交系统。

基地所在的路段位于立交的西侧，北面是锦江乐园。在改造以前，这段桥下空间曾长期作为防汛物资堆放、养护车辆停放使用，还有大片空置的用地，造成了封闭、灰色、消极的印象。项目启动的契机是徐汇区在市政管理养护的数字化、智能化转型方面的努力，在徐汇区市政管理部门、同济大学交通运输工程学院和徐汇区市政养护工程公司等单位的合作下，搭建了集市政、巡查和养护在内的市政精细化平台，为市政主平台提供数据和技术支撑。沪闵高架路桥下空间的启用与更新正是为了配合市政精细化平台的运营，同时融合智慧巡检、道路展示、实训基地、应急抢修等四大功能，形成了一处桥下空间的智慧养护基地。

上：开放展廊

下：沿沪闵路辅路界面

设计策略

设计团队为这样一处桥下空间设定了"城市珊瑚礁"的理念，将不同功能融入桥下空间的过程比作向海域投放珊瑚礁，通过形成相互连接的微生态系统改善海水质量的过程。面对狭长的基地，设计团队将智慧养护基地的功能进一步拆分为防汛仓库、停车场、实训基地、展览空间、辅助功能、办公室、会议室和智能巡视基地等功能。其中一部分涉及操作类的功能，需要较大的空间，但对围护结构没有要求；另一部分涉及管控类的功能，需要在室内进行，但是标准面积即可满足要求。按照这样功能规划，基地在由西向东收窄的位置被大致划分成两部分：较宽的西侧布置仓库、停车、实训基地等功能；较窄的东侧布置办公室、会议室、巡视基地等功能。同时，设计团队采用了连通的通道与曲线的形态令东西两侧连通起来，并且巧妙地将通道空间转化为一条开放展廊。开放展廊以上海过去一百多年的道路市政变迁为主题，充分运用地面、墙面的空间对应地展示铺筑材料、窨井盖、模型等实物，加上头顶高耸的高架，产生了一种内容与空间的奇异对应感。

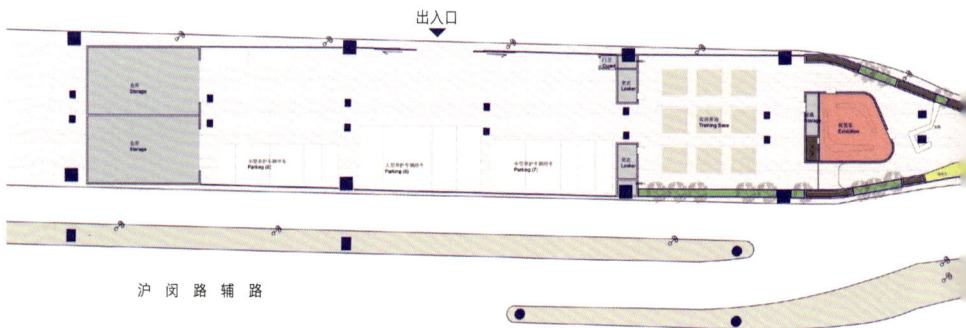

平面图

设计细节

　　对徐汇市政智慧养护基地的第一印象是更接近于建筑设计的细节处理与空间品质。本书中收录的其他案例中，不少是将桥下空间作为城市活动场地的补充，这也决定了整体氛围营造是首要的，因此大面积色彩鲜艳的涂料往往是更常见的选择。但是对于智慧养护基地这样一个更复杂的项目来说，功能的复合与使用的方式决定了围合结构是必不可少的。项目选用了轻钢结构、彩色的铝塑板和白色磨砂的阳光板作为主要建筑材料，在确保快速施工的同时尽可能避免现场湿作业。这样的材料选择使得桥下空间在应对城市界面上有更多处理的可能。例如，色彩渐变的连续铝塑板，建筑立面上位置、尺寸变化的洞口以及从中透出的彩色立面，用白色磨砂阳光板代替常见的栏杆，结合洞口设置了绿植，在必须设置栏杆的位置也通过色彩和角度形成变化……这些处理方法都在桥下空间与道路之间创造出有趣的界面。开放展廊的内容延续到地面上，变化的曲线、文字信息和图案引导着叙述的展开，也丰富了空间的细节。

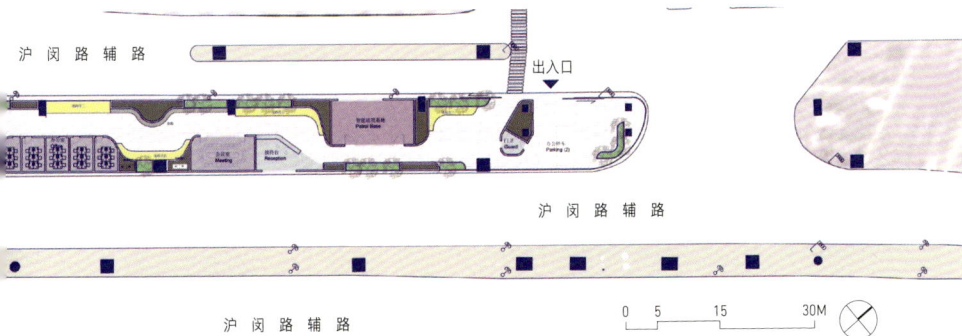

改造前

改造后

在智慧养护基地内的工人们

上：东侧办公空间
下：西侧实训基地

"我们最希望看到的是商业价值和社会价值的匹配"

上海秉仁建筑师事务所首席合伙人、总建筑师马庆祎、项目建筑师黄立妙访谈

Q 徐汇市政智慧养护基地是个很特别的项目，既利用了桥下空间作为办公场地，又创造了一些围合的半开放空间，这在上海的桥下空间更新实践中都属于少见。能跟我们介绍下项目的情况吗？

A 这个项目是由徐汇区市政部门主导的，一开始是想用这块桥下空间做道班房，毕竟这是桥下空间的常见用法，用几个集装箱加点装饰就能解决。但是项目的委托方挺有想法的，想做一个标杆性的桥下空间项目，所以找到我们。当时比较明确的需求是除了道班房、仓库之外，还需要一个培养路政养护工人的教育基地，还有一个比较新鲜的功能叫"智能巡查中心"。举个例子来说，当你开车经过徐汇某个路段时弹了一下，第二辆车经过同一个地方时又弹了一下，巡查中心会实时接收到这些信息，在养护和修整时就会做实时调整，这是同济大学的团队领衔做的。那么有了这些功能设定，有了不同的团队，我们就想能不能讨论出一些新的想法，比如结合上海路政历史做些展览，这些原本不相干的东西碰撞在一起，才有了现在市政智慧养护基地的全貌。

Q 我在现场的第一印象是对这些临时性构筑物的处理，彩色铝塑板和阳光板还是带来了与涂料为主的桥下空间不同的品质。

A 因为基地是临时性的，建筑也是临时性的，所以以快拆快建的材料为主。刚才说到的铝塑板和阳光板都是比较轻质又标准化的材料，施工起来比较快速。但是这些材料同样面临限制，比如可选的颜色和节点都很有限，我们在努力，但是客观地说距离建筑项目的品质还有差距。包括一开始我们对出入口和开放性的设想，还没有机会完全呈现出来。

这个项目比较小，但是各方面的挑战并不亚于我们参与的一些大型项目。最大的感触还是要怀有热情，尤其是对道班工人，集装箱是他们长期习惯的环境。基地建成之后，工人们的培训、知识的讲解都是在一个比较好的环境下展开的，他们都觉得这是件很自豪的事情。回顾整个过程，从2021年夏天开始做，到春节前完成一期，春节后马上启动二期，时间其实很仓促，我们遇到的困难不少，但是收获也很大。

Q　刚才提到了桥下空间和其他大型项目的对比，确实，这样一个规模和性质的项目对你们这样体量的事务所来说还是很特别的。

A　我们是一个比较市场化的团队，这可能是跟其他参与桥下空间的团队不太一样的一点。我们需要应对两种价值，一种是商品的价值，这是我们每天都在讨论的。另一种是商品以外的价值，也就是人的价值，社会的价值。当我们做纯粹的商业项目时，应对的是第一种价值，但是反而希望商业项目能够反映出社会的价值。反过来看，有没有可能正在处理第二种价值时也考虑第一种价值呢？当我们讨论更新类项目的时候往往发现，不管做得好不好，但都做得比较痛苦，核心原因还是因为这件事的社会价值和商业价值不匹配，甚至完全不考虑商业价值。这么做的隐患是，有时可能连社会价值都不一定能得到保障，对桥下空间尤其如此。比如在德国铁路边会有一种"份地花园"(allotment garden) 的制度，就是把离铁路很近的空地划分成小块，向市民供应。很多人会选择种植作物、园艺，盖一个小棚屋，也有社区组织负责公共空间维护、监管。这些小花园是非常有创造力的，因为租赁人非常在乎自己花园的改造和维护，所以结果往往比政府出资的做得还要好。我们也很希望看到桥下空间的更新能够往更高的阶段发展，做到两种价值的对等。

开放展廊

桥下空间
的潜力

3.1 大家眼中的桥下空间

伍江
同济大学原常务副校长，
同济大学超大城市精细化治理研究院院长

"当微更新进入到目前的阶段，我们应该关注一些城市中曾经被忽视的空间，我称之为'灰色空间'，比如桥下空间，让这些功能显示出它们的价值。需要强调的是这种更新是空间功能的提升，而不是单纯视觉上的提升。

对于城市里的灰色空间，政府管理部门需要一个任务清单，哪些需要更新，哪些不需要，哪些先做哪些后做，需要计划。我们专业人员可以帮助政府部门做一些研究。城市没有'完美'的，众口难调，每一个人的需求都不一样。城市管理应该是托底，找到最大公约数，凡是大家都共同关心的问题，由政府来解决。同时，这个任务清单是开放的，因为谁都不敢保证你现在能把所有的问题都想到，没关系，遇到问题再研究。

像桥下空间这样的灰色空间，往往牵涉到多个部门，所以在做更新的时候特别需要协作机制，各个部门协作的时候，也需要拿到'说明书'。不同的部门拿到的是同一本'说明书'，大家拿到后就知道某个部分是某个部门管，就认领自己的一部分。"

童明
东南大学建筑学院教授，
上海梓耘斋建筑工作室主持建筑师

"桥下空间最近渐成显题，是因为大量立体交通快速而持续的发展，将原先整体而连续的城市环境切分开来。这一课题以往之所以未受重视，部分原因在于无论城市规划还是市政道路的图纸，往往都是以二维方式为表达的，这就自然遮蔽了在真实的三维现实环境中的下方空间。随着城市精细化的发展，桥下空间就如同一间洁净居室的床底桌肚那样，也应该做到一尘不染，但由于它巨大的体量，这一点很难做到。因此为了改善该类环境的日常状态，最好的方式就是积极地使用它。这也就带来了相应的难点，因为许多桥下空间跟随着上部的桥梁、道路，属于市政设施用地，从而在许多情况下阻碍了民用化的使用，这一制度性的障碍是首先需要考虑的，同时也意味着城市规划是否能够朝向三维方式进行演变。

结合15分钟社区生活圈的规划和需求来看，的确有不少桥下空间地处要位，特别是处在一些高架轻轨车站下方的空间，它们已经成为各种流线交织的必经之地。其实有些桥下空间可以根据需求提供一些服务设施。我们可以在巴黎、东京等城市的街头看到许多桥下空间结合利用成为咖啡馆、便利店、快餐点，与周边忙碌穿行的人流形成温馨的互动，不仅提高了空间的使用效率，而且也为市民提供了日常便利。当然这一切都应当是在结构与交通安全的前提条件下进行考虑的。由于我们目前很难改变桥下空间的用地属性，可以考虑鼓励市政管理部门也能够参与到桥下空间的积极利用工作中，这也意味着15分钟生活圈的建设，应当成为全社会共同参与的一项事业。"

苏立琼
长宁区规划和自然资源局
党组书记、副局长

"桥下空间的更新改造，首先需要突破部门和行业的壁垒，上海的道路交通部门目前对此已经非常支持，在保障交通功能安全的前提下，愿意把桥下空间共享出来用于其他功能；其次要对不同的桥下空间提出因地制宜的更新方案，根据净空高度、遮蔽程度、可达性、立柱分布、空间规模等等实际条件，对空间利用提出恰如其分的设想；然后就是要结合服务人群的需求，来安排适合的具体功能，这方面可能也会需要综合平衡，比如有的市民只希望桥下方便就近停车，有的希望有球场，有的希望是小花园、游戏场，有的希望是文化设施……当然，随着上海这方面的实践案例越来越多，也在不断积累经验，未来肯定会做得更好。

关于需要注意的问题，个人体会比较深的就是在讨论桥下空间更新利用方案的时候，更新后能持续发挥功能是首要考虑因素，再漂亮的效果，也要市民愿意经常使用并且方便运营维护。另外，也不是每一处桥下空间都需要复杂的设计和装饰，受不同空间条件限制，相当一部分桥下空间主要是方便人或车通过，那么做到明亮整洁简约就够了，过于复杂的装饰就可能会显得累赘，安全性经济性方面就会有所欠缺。

最后，现在上海也在提倡'品质市政'，如果新建桥梁、高架这类市政交通设施时，在初始设计阶段，就充分考虑结合桥下空间的利用来一起设计，就一定可以使桥下空间的利用更加有效且经济，也更加能够展示城市的精致和精细。"

戴富祺
上海洛合体育发展有限公司董事长、
洛克公园创始人

"目前上海核心区域的运动场地稀缺度非常高，在长宁、徐汇、静安、黄浦等中心城区，运动场地长期供不应求，因此更需要'见缝插针'地建造运动设施。在越核心的区域建造运动场地，获得的关注度和经济收益会越高，这是市场的天然规律。

对于洛克公园而言，只要有能够改造成运动场馆的空间，我们都想试一试，尽可能利用起来。有了中环桥下的球场改造经历，我们在其他桥下空间球场的建设速度、设备规模和球场质量都有所提升。我们总结了这样几点经验：一是要避开任何跟原建筑有交集的结构；二是所有设置的灯光都要避开司机驾车的角度；三是所有设施的围网都要加高，预防正常运动状态下球类遗落到交通道路上；四是场地需预设无人化管理设备，为将来 24 小时开放随时做好准备。"

东京及
日本其他城市

总述

到过日本的人，大多会对桥下空间的多元化利用留下深刻的印象。在日本，桥下空间自然地融合到城市环境中，用以承载商业、公共服务、社区服务、艺术活动等功能，其中又以高架轨道桥下空间的开发居多。发达的轨道交通网络既影响了城市结构，又提供了数量可观的桥下空间。轨交意味着到达的便利性和聚集性，天然地带来客流，同时桥下空间相对低廉的地价也能很好地控制开发成本和入驻门槛，由此释放出的空间和功能是高密度开发下用地稀缺的重要补充。因此，桥下空间的使用在日本是非常普遍的现象。以东京为例，高架下空间经历了这样几个阶段：

早期 (1910—1945)

东京的第一批高架桥于1910年建成。随着路网的扩张，高架桥数量逐渐增加，桥下空间被作为仓库、小商店和住宅使用。

二战后 (1945—1950)

在战后重建时期，东京人口迅速增长。在战后混乱和物资短缺的情况下，人们在桥下空间设立了摊贩和市场，出售食品和日用品。可以说，这些市场在维持普通人生活方面发挥了重要的作用。

经济高速增长期 (1950—1970)

这段时间内，东京的城市化进程加快。为了满足日益增长的交通需求修建了大量高架桥，而对桥下空间的定位和使用发生了显著变化，尤其在上野、秋叶原等地区，高架桥下形成的餐馆和商业街成为区域内的商业活动中心。桥下空间已然成为东京城市生活的重要组成部分。

多功能化与地方振兴期 (2000—)

从2000年开始，高架空间的使用方式进一步发展，并且在地区振兴中发挥作用。高架空间开始被用作多功能空间，包括各类办公空间、福利设施和体育设施。这样的开发模式有着明确的前提条件：高架建设项目成本的90%由国家和地方政府承担，其余10%由铁路公司承担，高架桥和高架桥下的区域归铁路公司所有。根据1969年开始执行的一项协议，最多15%的桥下区域可由市政当局免费使用，最常见的用法就是公园、自行车停车场和福利设施。[1]

据统计，日本桥下空间功能大致分为三类：包括零售、餐饮、办公等的商业功能，包括公园、体育、保育等公共服务功能，停车、材料堆放、仓库等被列为低效使用功能。

高架下土地利用方式分类表		
商业功能	复合	百货店、超市等复合商业设施
	餐饮	餐饮等
	美容	理发店、美容院、公共浴场等
	办公	事务所、工厂等
	企业	一般企业、相关企业等
	零售	小商业等
	娱乐	娱乐设施等
公共利用	公园	公园、广场等
	体育	体育馆、游泳馆等
	集会	集会场所、宗教集会、礼堂等
	保育	托儿所、老人看护设施等
	银行	银行、邮局等
	医院	医院、诊所等
	住宅	公寓、住宅等
低效使用	停车	停车场等
	自行车停放	自行车停车场等
	材料堆放	材料堆放场所等
	仓库	仓库等
未使用	未利用	未利用的土地

表格内容来源：中村真之，村木美贵，高架下空间の活用に関する研究

日本制定了全套法规制度为桥下空间开发提供了支持。针对轨道交通高架桥下空间的使用，《铁路商法》《铁路改进法》《铁路抵押法》《建筑法规》《城市规划法》和《日本铁道建设公司实施细则》分别就商业决策、利润率、资金补助、所有权、土地管理、对周边环境的影响、修缮维护等做了明确规定。法规制度设计既是对空间开发的保障，也能最大程度地平衡开发强度和城市环境、公共利益等要素之间的关系。

	各法规对高架铁路及高架下空间的影响范围							
	高架及高架下空间的事务							
	商业决策	利润率	资金补助	所有权	土地管理（租赁契约等）	对周边环境的限制	修缮维护	对生活环境的限制
铁路商法	○	×	×	×	×	×	×	×
铁路改进法	×	○	○	×	×	×	○	×
铁路抵押法	×	×	×	○	×	×	×	×
建筑法规	×	×	×	×	×	×	×	×
城市规划法	×	×	×	×	×	○	×	×
日本铁道建设公司实施细则	×	×	×	×	○	×	○	×

○：法规中有涉及，×：法规中未涉及

表格内容来源：中村真之，村木美贵，高架下空间の活用に関する研究

　　很多人对东京桥下空间开发的第一印象来自于2016年开业的"中目黑高架下"。2008年，中目黑站附近铁道高架桥抗震加固工程以及东急东横线和东京地铁副都心线站台延长工程动工，这些工程直接推动了长期以来封闭的高架下空间的开发利用。项目以"SHARE（共享）"为理念，将全长700米的高架桥定义为一个汇聚各种特色店铺的"大屋顶"。连续的商业界面，各店铺前区空间向人群和街道开放共享，都是项目作为新型商业的重要特征。此外，作为东京重要的步行游线，"中目黑高架下"起到了衔接目黑川步行线路，补充城市公共空间与商业空间，强化绿道洄游性的作用。

　　近年来，东京出现了多个桥下空间整体开发的项目，开发者以铁路公司为主，而开发的契机大多与轨道高架设施整修或线路延长有关。以JR东日本铁道为例，该公司拥有长达2800公里铁路网沿线用地和高架下与车站周边用地，近年来先后开发了连接秋叶原站和冈町站的"AKI-OKA Street"，乐町站和新桥站之间的"日比谷OKUROJI"，高圆寺站等项目。周边区域的特征与需求决定了这些项目的功能配置，也推动了包括住宅、青年旅店、幼儿园等并不常见的使用方式出现，低廉的租金和优惠的条件吸引众多商家入驻。

　　相比东京桥下空间以商业为主导的使用方式，横滨的黄金町则展现出另一种方式，由艺术激发地区活力。二战前，黄金町区域凭借陆路与水路的优势成为横滨的集散区。随着人口迁入京滨高速高架铁路线下，逐渐滋生出非法色情行业，造成了区域生活环境的急剧恶化。2004年，横滨市提出"创意城市"的设想，黄金町成为改造点位之一。铁路桥下的空间与保留的空置房屋由政府交给非营利性组织"NPO黄金町区域管理中心"运营，定期开展艺术市集、驻场计划等活动，逐渐融入当地的日常生活。

注释：
[1] 以上信息由日本建筑师秋山隆浩提供

案例

项目名称	项目档案	项目简介

中目黑高架下
(Nakameguro Koukashita)

项目地点：东京市，日本
涉及基础设施：东急电铁
空间类型：高架轨道桥荫
涉及铁路总长度：700米
建筑面积：8300平方米
桥下空间功能：商业 / 办公 / 非
机动车停放等
实施情况：2016年开放

目黑区是东京最为繁华的区域之一，中目黑泛指东急东横线与日比谷线交会的"中目黑站"周边区域。随着沿线高架桥抗震加固工程以及原站台延长工程，东急电铁对高架下全长约700米的狭窄空地进行开发利用。

2016年开业的"中目黑高架下"商业区将高架覆盖的区域定义为一个"大屋顶"，注入书店、咖啡厅、餐厅、服装等多元化业态，一共新设30间店铺，在原本负面的空间中赋予传统商业新的模式。这个项目也为区域内的步行空间增色不少，进一步增加了周边公共空间、商业街和绿道的回游。

Mikan下北
(Mikan Shimokit)

项目地点：东京市，日本
涉及基础设施：京王电铁井头线
空间类型：高架轨道桥荫
占地面积：2200平方米
总建筑面积：4800平方米
桥下空间功能：商业 / 餐饮 /
办公等
实施情况：2022年开放

位于世田谷区的下北泽是东京的潮流圣地，处于京王和线小田急线的交会处，周边有许多特色的二手古着店、咖啡店、独立书店和小剧场等，深受年轻人喜爱。京王电铁利用高架桥下方的闲置空间打造了一个复合式的商业小街区。下北泽区域夜间和假日的人流大，工作日白天客流少，因此在规划街区时，在时尚、文化、音乐的基础上加入办公的元素，通过打造共享办公空间吸引不同年龄层的人汇聚于此。项目以"MIKAN下北"命名，意为"下北泽未完成"，传达了一种未完成、正在进行中的感觉，同时也带有一种期待和探索的意味。"MIKAN下北"由五个街区组成，除了商业之外还分布着共享办公、图书馆网点等功能。对地面空间的处理进一步促成了与下北泽站前广场、周边街道的步行环游，共同形成了适合街头漫步的特色商业区域。

项目照片

摄影：李丹锋

摄影：周渐佳

案例

项目名称	项目档案	项目简介
东京水町 （TOKYO Mizumachi）	项目地点：东京市，日本 涉及基础设施：浅草高架桥 空间类型：高架轨道桥荫 涉及铁路总长度：500米 桥下空间功能：商业/餐饮/住宿等 实施情况：2020年开放	项目是从浅草寺到晴空塔步行线路中的一部分。疫情期间开放的隅田川步道桥（Sumida River Walk）与东京水町（TOKYO Mizumachi）的连接，借助对河岸空间的整体激活与利用打造了迷人的场所体验。在这条线路中，隅田川东侧浅草高架桥下的空间中引入了一条长达500米的复合商业设施，北面是开放绿地，南面是北十间川。与桥下空间的利用相比，TOKYO Mizumachi在整条沿河线路中营造的闲适氛围以及与不同标高基础设施的自然衔接令人印象深刻。
横滨市黄金町 （Koganecho）	项目地点：横滨市，神奈川县，日本 涉及基础设施：京急本线铁路 空间类型：高架轨道桥荫 桥下空间功能：艺术社区 实施情况：2004年开放，2008年第一届"黄金町艺术市集"举办，此后每年定期举办	2004年，横滨提出"创意城市"的口号，并且将黄金町这条历史悠久又面临颓败的场所作为实现"艺术与社区共生"的所在。[1][2]该计划的艺术总监山野真悟相信必须通过小规模、渐进式的艺术方式改造黄金町的现状，并且组织了大量访谈、调研以挖掘在地的潜力。2008年以来，黄金町集市每年秋天举办，旨在通过艺术振兴区域。桥下空间的改造由多个建筑团队承担，汇聚了来自日本和世界各地的艺术家、策展人、艺术机构。

注释：
[1] 刘勇,金兆奇.创意文化导向的旧城再生——以横滨黄金町社区改造为例[J].公共艺术,2017(01)
[2] 薛亮.从"不法之地"转变为"艺术街区"——日本横滨市黄金町活用艺术推进城市更新[EB/OL],2018-11-24.
http://www.istis.sh.cn/list/list.aspx?id=11735

项目照片

摄影：周渐佳

图片黄金町市集提供

案例

项目名称	项目档案	项目简介
东小金井市站 (Higashi-koganei eki)	项目地点：小金井市，东京都，日本 涉及基础设施：JR中央线 空间类型：高架轨道桥荫 桥下空间功能：餐饮/社区/办公/住宅等 实施情况：自2016年以来陆续建成	2010年，三鹰站(Mitaka)和立川站(Tachikawa)之间的JR中央线高架线竣工，不仅消除沿线城镇分割的状态，也创造了总长9公里、面积约7万平方米的桥下空间。其中，东小金井站距中央线新宿站约20分钟车程，是新宿和立川之间乘客量第二少的站点，因而拥有一种宁静的氛围。这也为桥下空间的开发确定了目标：通过凸显硬件和软件的价值，让更多人愿意居住在中央线沿线。设计团队将重点放在"当地社区"，通过和住在周边的居民共同创造一个"地方"，把桥下空间的使用和管理当作是为自己的事务。 所有设施的使用面积和使用方式都从社区特点和需求出发。传统商业设施的目的是尽可能扩大出租面积，但这在东小金井这样的地方并不适用，建筑师有意将建筑面积控制在500平方米左右，40个20英尺长的集装箱共同形成了紧凑的内部空间，既缩短了设计和施工周期，又有效地控制了成本。在另一些桥身覆盖的场地，通过白色框架创造出户外空间，成为社区举办活动和研讨会的场所。 这种开发趋势持续向武藏小金站延伸，桥下空间被用于建造住宅，同时植入了幼儿园、社区中心等设施。这个开发计划命名为"Chuo Line House"，由三位建筑师各自承担一个区域的住宅设计。除了普通租客以外，因为其与大学之间通勤的便利性，也吸引了不少学生的关注。

项目照片

摄影：周渐佳

两座高架桥下幼儿园

项目名称	项目档案	项目简介
町屋高架下幼儿园 (Nursery School Under Elevated Railway in Machiya)	项目地点：东京市，日本 涉及基础设施：荒川区町屋高架铁路 空间类型：高架轨道桥荫 桥下空间功能：幼儿园 实施情况：2018年建成	幼儿园位于东京市中心荒川区高架铁路下，旨在用此类用地解决幼儿园短缺的问题。这段高架铁路于1931年建成，下方的商店和房屋一度形成了富有生活气息的城市景观，但是为了高架结构的抗震加固而被拆除，此后场地长期空置。幼儿园是这块用地重新投入使用的第一步。 建筑师希望打造一个开放的幼儿园，让周围社区共同见证孩子们的成长。67米长的大屋顶调和了高架结构和新建建筑之间的关系，水平延伸的屋顶形成了幼儿园的沿街立面。在内部，屋顶与高架桥体结构上下覆盖，形成了一个温柔、隐蔽、远离车站喧嚣的幼儿园空间。
练马高架下幼儿园 (Nursery School Under Elevated Railway in Nerima)	项目地点：东京市，日本 涉及基础设施：练马区高架铁路 空间类型：高架轨道桥荫 桥下空间功能：幼儿园 实施情况：2019年建成	项目是一处高架桥下幼儿园的室内和花园设计。因为高架桥的南侧主要用于停放自行车，北侧成为幼儿园的主要采光面，因此桥下幼儿园的采光就成为设计首要解决的问题。设计为幼儿园室内提供了尽可能大的立面开口，用于提供全天稳定的光线和良好的通风条件，而不会在桥下有任何压抑感。

项目照片

图片由建筑设计团队秋山隆浩事务所提供

图片由建筑设计团队秋山隆浩事务所提供

"由于很难在城区获得幼儿园用地，人们开始关注铁路高架下的空间"
日本建筑师秋山隆浩访谈

Q　以中目黑为代表的商业开发曾经是日本桥下空间的典型。近几年，东京
　　桥下空间似乎走向了一种更加复合、更为多元化的开发方式。您认为存
　　在这样的趋势吗？背后的原因是什么？

A　这种转变背后有几层原因。首先，日本的铁路公司正在强化铁路业务以
　　外的收入。随着铁路抬升工程的逐步展开，桥下的土地有可能被合理
　　规划、积极利用。铁路公司也在与当地社区合作，探讨如何更好地增加
　　地方的吸引力并且创造稳定的收入。铁路抬升工程也有其背后的原因。
　　1995年阪神淡路大地震对高架桥造成了破坏，使得旧的高架桥的抗震加
　　固工程提上日程。高架桥下的既有设施逐步拆除，以便为抗震加固工程
　　让路，这个过程也是桥下空间重新开发的契机。另一个原因是，一些生
　　活设施的需求迫切，在东京市区难以获得用地，所以自然将目光投向了
　　高架桥下的闲置区域。以幼儿园为例，铁路运营商从2010年左右就开
　　始了将桥下空间用作幼儿园的尝试，新的使用方式和功能类型会不断出
　　现。

Q　桥下空间作为幼儿园使用时不可避免地面临噪声、振动和安全问题。您
　　和运营公司在这个问题上有没有被质疑过？

A　负责我设计的高架桥下幼儿园的机构同时经营着至少七所同类型的幼
　　儿园，他们认为噪声和振动完全不是问题。此外我也了解过大学研究所
　　对这类环境下工作的教员开展的调查，令人惊讶的是，他们同样不觉得
　　这是个问题。根据我的经验，新近建造的高架桥在桥身和轨道上都有噪
　　声和振动对策，所以感觉并不强烈。而老式的高架桥的确会存在一定问
　　题，比如町屋高架幼儿园所在的结构就是一座建于1931年的老式高架
　　桥，但是这些噪声和振动还没有构成对日常活动的影响。

Q　有没有来自家长和孩子的反馈呢？他们觉得桥下幼儿园有哪些优缺点？

A　通常高架桥下的幼儿园会给人不好的印象，但是这样的印象在实际入园后被推翻了。

家长有这样的反馈：桥身可以遮挡强烈的直射但是阳光又很充足；下雨天也能在户外玩耍；离车站很近、接送孩子很方便；孩子们很快就习惯了列车的声音和震动。

幼儿园是这样说的：即使在夏季，室外场地也能很好使用；虽然有噪声和振动，但是孩子们并不觉得困扰，午睡也没有任何问题；孩子的行为习惯不会因为桥下的位置有任何改变。

对于家长和幼儿园来说，高架桥下幼儿园的重要优势就是在夏天也可以使用操场。热岛效应使城市夏天越来越热，出于对中暑的顾虑，在户外玩耍也变得越来越困难，高架桥下无疑提供了一个理想的场地。

纽约及美国其他城市

总述

19世纪末到20世纪中叶,美国城市的发展与扩张在很大程度上依赖新的交通系统,这包括了高架道路、地铁、轨道和桥梁。以纽约为例,1924年到1968年之间,在时任纽约州州务卿罗伯特·摩斯 (Robert Moses) 的推动下,纽约市内建造了416英里大道,13座桥和15条高速公路,这些高架系统嵌入城市原有的肌理,改变了纽约的面貌。20世纪90年代开始,美国的高架建设逐渐放缓,部分高架桥逐渐被弃用、拆除。当城市发展进入另一个阶段,有必要重新思考桥下空间对城市意味着什么。在纽约这样一座寸土寸金的城市里,有着总长700英里的高架交通设施,它们投影下的面积多达数百万平方英尺,几乎是中央公园的四倍。这样一种尚未完全开发的公共资产,会有怎样的可能呢? 它们可以成为生态和技术依附的基础设施,可以被定位为休闲区,可以诞生全新形式的公共空间,也可以为公共或私人的土地使用提供创新的模式。

在美国,土地使用规划被普遍认为是地方政府行使分区权力的体现: 各州通常通过区域划分和其他授权方式,将土地使用的权力交给地方政府。因此,大都市规划组织 (MPO) 和州交通运输部 (DOT) 便拥有了决定城市土地使用性质的权力。然而,并非所有土地都在二者的管辖范围内,纽约桥下空间的改造会涉及大量政府部门和组织,包括纽约州交通运输部、大都会运输局、纽约市交通运输部、公共空间设计基金会、纽约市公园休闲部和纽约市环境保护部等。其中,纽约市交通运输部的职权范围包括城市街

中央公园
面积=341公顷

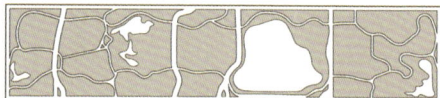

S × 4 =

高架公路与铁路
总长=700英里
投影面积>7500万平方英尺

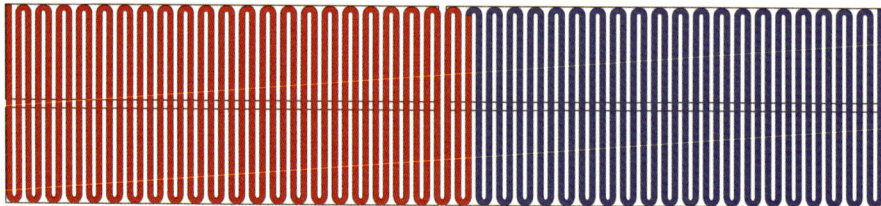

高架铁路
高架公路

道、公路、桥梁、人行道、路牌、交通信号灯和路灯的日常维护，对绝大多数高架桥下的路面空间拥有管辖权。[1]然而也有例外，以纽约市皇后区和布鲁克林区两座典型高架

公路为例，当高架桥下不是纯粹的空地，而是诸如公园、路面铁轨等功能空间时，土地和空间管辖权则归属都市交通管理局、纽约市环境保护局等政府机构。

Elevated Transit Infrastructure in New York City

Elevated highway   Elevated rail

Sources: Pluto, 2009 / DolTT, 2009 (Melissa Alexander)

N
0   1m   2m   4m

纽约市高架系统，图片来源：Under the Elevated

1995年，纽约成立了公共空间设计基金会(Design Trust for Public Space)，该基金会是致力于纽约公共空间未来发展的非盈利组织。2012年，基金会和康奈尔大学纽约AAP工作室以此为基础共同推动了Under the Elevated计划。2013年春天，这个计划获得了纽约市交通运输部(NYC DOT)的支持，会同其他公共机构、社区组织和设计师，以"El-Space"为主题开展行动。[2]"EL-Space"计划统领了桥下空间从获得关注到各个试点完成的整个过程，至今仍持续推进。这里的"EL"是"elevated"(高架)的缩写，旨在关注和再利用老化的高架交通基础设施，和与之相关的空间。这个计划在多方共同推动的过程中，不断摸索，形成可提供指导的操作模式。

"El-Space"首先对纽约市内700英里的高架下空间进行调查，以此为基础构想如何来利用这些长期处在灰暗中的闲置空间。它以纽约的五个行政区为目标，通过多阶段的工作，为那些因为交通影响、处于物理隔绝中的社区带来活力，并且通过这些空间为社区和当地居民带来收益。2015年6月，"El-Space"发布了《高架下：回收空间，连接社区》(Under the Elevated: Reclaiming Space, Connecting Communities)，以此作为计划第一阶段研究的总结，综合了现状研究、政策研究、设计案例、社区实验等内容。

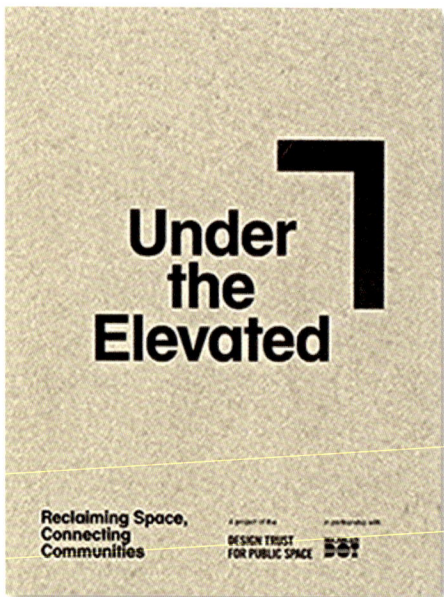

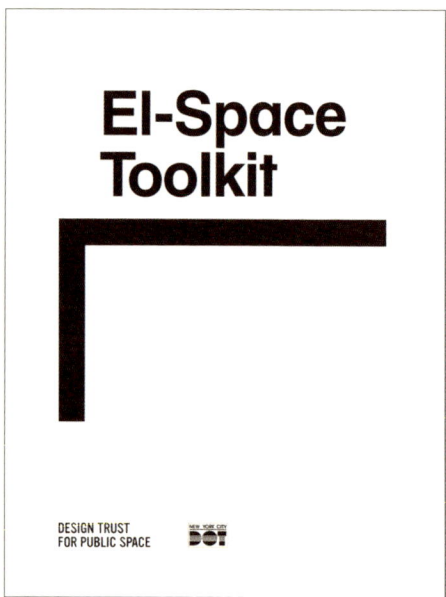

左：《高架下：回收空间，连接社区》(Under the Elevated: Reclaiming Space, Connecting Communities)
右：《El-Space工具集》(El-Space Toolkit)

同年，第二阶段启动推行试点项目。2020年2月，"El-Space"发布供免费下载的《El-Space工具集》(El-Space Toolkit)，从桥下空间的试点改造中提练了一套操作办法，以此触动面临同样问题的其他城市。纽约市交通运输部同步在各试点试验模块化的城市家具和设施。

除了"EL-Space"计划以外，纽约还有《高性能基础设施导则》(New York City's High Performance Infrastructure Guidelines, 2005) 和《高性能景观导则》(New York City's High Performance Landscape Guidelines, 2011) 两份指导文件，纽约皇后广场桥下空间的改造正是这两份导则下的试点实践。很快，马萨诸塞州交通部也提出了"Infra-Space"计划，以期推动全州范围内的高架桥下空间的评估与利用。

注释：

[1] Sabouri.S, A.Dillon, D.Proffitt, M. Townsend & R.Ewing.State-of-the-Practice in Connecting and Coordinating Transportation and Land Use Planning in the U.S.A.[J].Transportation Research Record 2019, Vol. 2673(9) :240–253

[2] 见 Bauer,C., S.Drake, R.Fletcher, C.Travieso, D.Woodward, Under the Elevated: Reclaiming Space, Connecting Communities.

El-Box——为社区改造的运输集装箱　来源：《El-Space工具集》(El-Space Toolkit)

El-Space 实施案例

试点项目	项目简介	改造前
日落公园 El-Space (Sunset Park El-Space)	日落公园的 El-Space 位于布鲁克林第三大道和 36 街 Gowanus 高速公路下方，主要采用新型 LED 灯照亮桥体结构和桥下空间。耐候钢板围合而成的区域种植喜阴植物，高速公路排放的雨水通过落水管收集起来，用以灌溉植物。模块化的城市家具重新组织了停车空间，同时形成了一条供行人通行的中央通道。该项目由社区合作伙伴 Industry City 负责建设和维护。	
远洛克威 El-Space (Far Rockaway El-Space)	项目位于皇后区洛克威 (Rockaway) 高速公路附近的 A 线地铁高架站邻近的区域。第一阶段的任务是改造一个沙丘状的绿植区，以过滤高架雨水径流。第二阶段是利用车站附近面积约 2600 平方米的闲置空地为社区增加绿化，并以一个改造的集装箱 El-Box 为户外活动提供场地。	
Dutch Kills 街 El-Space (Dtuch Kills Street El-Space)	项目利用了巷道和皇后大桥坡道下方的空间，是对桥下照明原型 El-Fence 的应用。El-Fence 是一种轻质的栅栏，整合了 LED 灯作为照明，配有轻快活泼的图案。两个装满碎石的石笼花盆用来过滤和减缓高架公路上的雨水径流，同时灌溉花盆中的植物。	

改造后

图片来源: https://www.nyc.gov/html/dot/html/pedestrians/el-space.shtml

其他案例

项目名称	项目档案	项目简介

纽约皇后广场自行车与人行道提升项目
(Queens Plaza Pedestrian and Bicycle Improvement Project)

项目地点：皇后区，纽约市，美国
涉及基础设施：多条高架铁路
空间类型：高架轨道围合空间
涉及轨道总长度：2公里
占地面积：2公顷
桥下空间功能：公共景观
实施情况：项目一期已于2012年竣工并对外开放

皇后广场改造计划于2003年由纽约市城市规划局（Department of City Planning，简称DCP）发起，目的是为了改善作为长岛城门户的皇后广场的现状：街道、高架铁路、桥梁、自行车道和隔离带错综复杂，形成了难以亲近、令人生畏的混乱景观。在接下来的八年里，这片区域被赋予了一种混合的气质，它不只是基础设施，不只是街道，不只是通道，也不只是公园。城市设计将这些元素共同编织成一个有着街道、社区、文化特征的空间，也极大地改变了当地居民的生活方式——现在他们能骑行到曼哈顿，也拥有了可以聚会、休闲的户外公共空间。

皇后广场是《纽约高性能基础设施指南》（New York City's High Performance Infrastructure Guidelines, 2005）的两个试点项目之一，也实践了《纽约高性能景观指南》（New York City's High Performance Landscape Guidelines, 2011），这也决定了项目将"可持续"视为基础设施、生态和公共艺术的交汇点，对景观植物、生物多样性、水循环的考虑同样反映在桥下空间的设计中。皇后广场形成了面向城市的多孔边界，可以通过五、六条不同的路径进入和通过广场，昔日被隔绝于街道生活之外的交通岛和停车场如今重新成为城市的一部分。

项目照片

图片由设计团队 Margie Ruddick Landscape 提供

其他案例

项目名称	项目档案	项目简介
波士顿 **Infra-Space 1**	项目地点：波士顿，马萨诸塞州，美国 涉及基础设施：I-93州际公路 空间类型：高架轨道围合空间 占地面积：3.2公顷 桥下空间功能：城市景观/公共通道 实施情况：2017年对外开放	Infra-Space是由马萨诸塞州交通部 (MassDOT) 发起的一项全州计划，目标是重新评估高架桥下空间以获取更好的城市与生态效应。一方面，这些空间因为交通、环境、噪声上的不利条件形成了城市中的断点；另一方面，因为公路产生的大量雨水径流，桥下的景观因此有可能成为绿色雨水基础设施，从而改善生态环境。 Infra-Space固然可以创造新的公共空间，但是这样的空间不能简单地等同为"公园"。作为试点的Infra-Space 1旨在用全新的方式重新组织、重新构想交通设施，以形成一个多方获益的公共环境，包括：联运路径 (交通基础设施) +雨水管理景观 (环境基础设施) +照明 (安全基础设施) =有品质的城市场所与公共通道景观 (类似于"公园")。建成后的Infra-Space 1的确兑现了这样的构想。值得一提的是，项目采用了创新的资金模式：由州交通部提供建设资金，通过在桥下净空低、采光暗的区域设置停车功能，可以回收一部分投资；净空高、采光好的区域则留给了雨水管理区与公共通道。

项目照片

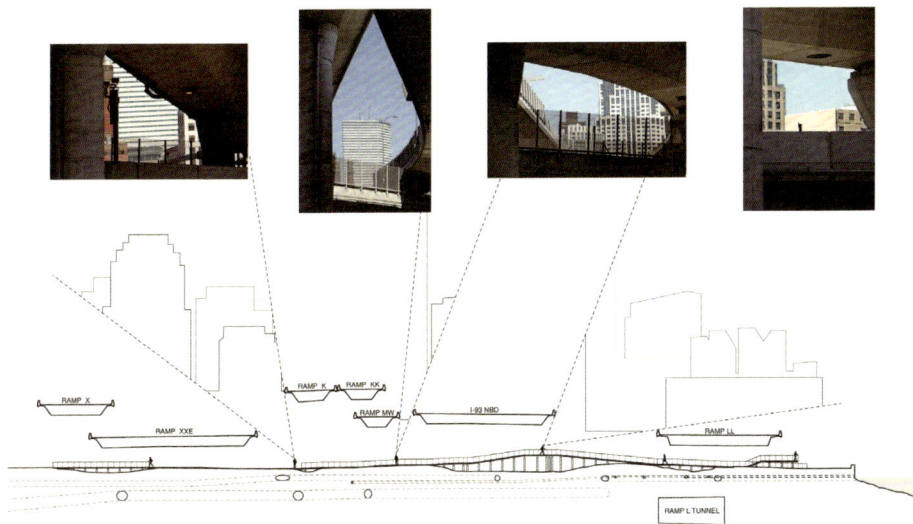

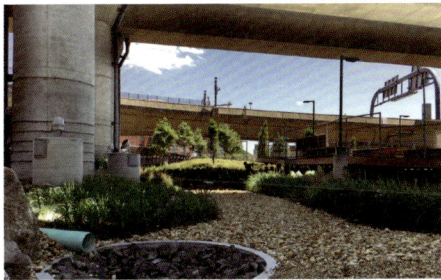

图片由设计团队 Landing Studio 提供

其他案例

项目名称	项目档案	项目简介
迈阿密"低线" (The Underline)	项目地点：迈阿密，弗罗里达州，美国 涉及基础设施：迈阿密地铁 (Metrorails) 空间类型：高架轨道围合空间 涉及道路总长度：16公里 占地面积：48.6公顷 桥下空间功能：线性公园/城市道路/公共艺术 实施情况：项目一期 Brickell Backyard 于 2021 年对外开放，二期 Hammock Trail 于 2024 年开放，三期 Miami 建设中	非盈利组织"低线之友"(Friends of The Underline) 直接推动了迈阿密地铁下方从迈阿密河到戴德兰南站 (Dadeland South Station) 长达16公里、未被充分利用的土地转变成一个线性公园、城市步道和公共艺术的目的地。 一期 Brickell Backyard 于 2021 年对外开放，长约 800 米，处在整个"低线"的最北端。一期的设计由一系列"房间"组成，每个房间都有独特的意图，直接回应周边环境和社区的需求。包括有着欣赏迈阿密河独特景观的"河畔房间"，提供活动休闲场所的"城市健身房"，还有设有行人和自行车专用道的"人行道"，此外还有郁郁葱葱的自然景观区域。二期长约 3.4 公里，延续了一期的安全、自然、社区导向，形成了 Hammock 游戏场，Vizcaya 站广场和雨水花园三个主要区域。二期 Hammock Trail 于 2024 年开放，首次采用了生物渠、绿色基础设施和地下排水系统，以解决雨水泛滥和径流问题。三期 Miami 处于建设中，总长度将达到 11.8 公里，规划形成 12 个休闲区域，这些区域承载的功能将在"低线"的数轮公共会议中反复讨论、通过后再最终实施。

项目照片

图片来源：https://www.theunderline.org/

墨尔本

　　"平交道口"(Level Crossing) 指的是铁路线与道路、小路发生交叉的路口通常设有闸门管理,当闸门关闭时,意味着道路的使用者 (步行、自行车或驾车) 无法到达铁路线的另一侧,从而造成拥堵。当作为障碍物的平交道口拆除,不仅会减少拥堵,同样对商业活力和街区吸引力产生广泛的影响。[1]墨尔本是一座人口密度不断增长的城市,然而,其铁路系统长期以来未能得到相应的扩展,实际上已经超出了其承载能力。几年前,澳大利亚维多利亚州政府提出"平交道口拆除计划"(Level Crossing Removal Project,简称LXRP),拆除110个平交道口并且做交通立体化处理,同时在墨尔本重建51个车站,扩建铁路系统并提高运载能力。技术的解决方案包括切割和填土,使得轨道从现有路面下通过,或在道路上方建造"空中轨道"(Skyrail) 结构。这些做法与墨尔本地铁和新线路工程相连,除了改善铁路网络性能以外,为区域带来了发展和增值的机会,也极大地改变了墨尔本的城市面貌。

　　这项规模巨大、耗时漫长的项目采用了"项目包"的形式，将拆除与重建道口沿线路分段打包，这样有益于保证从工程、规划到开发的全周期高质量实施。典型的项目包有：道口拆除、整体城市设计方案、新建车站及站台设计、桥下空间设计、振兴社区及商业计划、沿线景观设计、独特文化价值挖掘等。[2] 建筑、景观、城市设计、工程、建造等专业团队形成了"联盟"（Alliance）模式，参与的各方通过竞争招标的过程充分理解项目的复杂性。同时，"联盟"将与城市设计顾问小组进行定期的公开交流和设计回顾，确保设计与当地环境、需求的充分融合。建筑、景观设计团队与工程团队共处一地，在多学科工作环境中实现密切合作。城市设计团队与施工团队的共同介入，及早确定了铁路线、廊道的走向与城市结构的连通性，也将桥下开放空间在项目一开始就考虑，而非项目完成后的补救式处理。这些经验值得所有新建基础设施学习。

注释：

[1] Abdulrhman M. Gbban 等，"The wider barrier effects of public transport infrastructure: The case of level crossings in Melbourne", Journal of Transport Geography 108: 103554, https://doi.org/10.1016/j.jtrangeo.2023.103554.

[2] 见维多利亚政府 LXRP 计划公开文件 "Case Study: Southern Program Alliance Level Crossing Removal Project."

案例

项目名称	项目档案	项目简介
考尔菲德至丹德农 LXRP工程 (Caulfield to Dandenong Level Crossing Removal Project)	涉及基础设施：Caulfield 至 Dandenong 铁路 空间类型：高架轨道桥荫 涉及铁路总长度：16公里 创造公共空间面积：22公顷 桥下空间功能：城市公园 实施情况：2018年竣工并开放	长达16公里的高架铁路穿过了面积广阔、特征不同的区域，其下方形成了一个细长的公园。不少区域的住宅和商业的关系并不理想，而桥下公园无疑起到了协调作用，将周围的街道、公园整合成相互连接的城市肌理，也让墨尔本最繁忙的铁路廊道释放出真正的潜力。沿线的桥下空间有前院、公共广场、亲子游戏场等功能，形成了一连串社区的激活节点，既有服务于周边的聚会、健身、城市家具、宠物公园等设施，也有服务于更大范围的滑冰、攀岩等体育场地。总长度12公里的人行道和自行车道在这些活动场地中自由穿行。
图拉克路 LXRP工程 (Toorak Road Level Crossing Removal)	涉及基础设施：铁路 空间类型：高架轨道桥荫 涉及铁路总长度：550米 创造公共空间面积：6000平方米 桥下空间功能：城市公园 实施情况：2021年竣工并开放	设计利用场地中原本荒废的灰空间，结合新建铁路桥梁，完成了一个兼具交通、公共空间、游戏和休闲的场所，在改善社区自然生态的同时，强化了社区认同感，连接原本分裂的步行、骑行通道以及开放空间。在这个6000平方米的空间中实现了丰富的交通流线、生态植物种植区域，并且将桥下空间定义为游戏场地。这些做法极大地改善了沿线的城市界面，结合铁路的特征，场地中出现的桥梁、桥屏和挡土墙既减少了基础设施可能产生的视觉上的疏离感，又强化了当地的环境特征。通过种植乔木和植物，场地中营造的生态系统提供了丰富的生物多样性和动植物栖息地；高铁铁路和周边场地的雨水被收集利用，最终通过沿路径分布的沟渠排放到景观中。图拉克项目展示了城市设计和景观建筑在大型基础设施项目中的结合，影响、改善当地社区的环境，使之成为更具魅力的场所。

项目照片

图片由景观设计团队 ASPECT Studio 提供

图片由景观设计团队 ASPECT Studio 提供

案例

项目名称	项目档案	项目简介

贝尔至莫兰德 LXRP 工程 (Bell to Moreland Project)

涉及基础设施：Bell 至 Moreland 铁路
空间类型：高架轨道桥荫
涉及铁路总长度：2 公里
桥下空间功能：城市公园
实施情况：2021 年竣工并开放

高架铁路将莫兰德站——一个位于公园内的小车站，与科堡 (Coburg) 站——一个繁忙的通勤枢纽连接起来。科堡站周边曾经集中了工人住宅和工业用地，缺少大型绿地与林荫道，因而人们更渴望亲近自然。贝尔至莫兰德的铁路改造计划是解决这一问题的机会。项目在设计初期就明确了单排中央桥墩作为高架轨道的结构形式，最大程度减少结构的占地面积，为步行和骑行专用道留出空间。在同类项目中，从桥下空间的使用出发而影响结构选型的情况并不多见。由此释放的桥下空间可以容纳一系列休闲活动区，包括游乐场、健身站、宠物公园、篮球场等，使高架轨道成为一种全新的目的地，也为不断增长的人口提供活动节点。

此处的 LXRP 还有一个重要任务，就是保留和诠释后殖民时期及原住民的遗产——阿普菲尔德 (Upfield) 铁路线，原有的车站建筑和众多附属项目都是维多利亚州登记在册的遗产。这些遗产进行翻新，将用作社区或咖啡馆空间；植物使这些建筑与周围景观融为一体；原有的车站和月台被保留下来，成为科堡站的座椅；莫兰德站中还有一处带着原始铁轨的下沉花园。

项目照片

图片由景观设计团队 Tract 提供

多伦多

案例

项目名称	项目档案	项目简介
多伦多桥下公园 (The Bentway)	项目地点：多伦多，加拿大 涉及基础设施：加德纳高速公路 (Gardiner Expressway) 空间类型：高架道路桥荫 涉及道路总长度：1.75公里 （一期） 占地面积：4.5公顷 桥下空间功能：城市公园 实施情况：项目一期 (Strachan Avenue 至 Fort York Boulevard) 已于2018年竣工并对外开放，延伸段在规划中	全长6.5公里的加德纳高速公路是一条穿过多伦多市中心的大型高架道路，离安大略湖仅几步之遥。加德纳高速公路是20世纪50年代城市建设理想的具象化：实现快速交通是首要需求。这样的设计的确为汽车提供了便利，但也成为街道生活的障碍。尤其当滨水区从工业走廊逐渐变成城市的休闲、文化场所，周边居住了超过20万人时，桥下空间为促发新的公共空间和公共生活提供了可能。高架道路的特征成为构思项目的出发点——支撑桥体的混凝土柱被称为"排架"(bents)，创造出55个"市民房间"(civic rooms)，它们既可以单独使用，也可以结合使用，从安静的冥想空间到充满活力的创意中心和集市。桥下的地面高低起伏，设计成了一片巨大、连续的城市地形。 公众咨询深度地介入到用地规划与环境设计的过程中，咨询对象既有周边居民，也包含了全市范围市民，为此成立了"Bentway 保护协会"。桥下公园分为几个阶段开放，不同阶段的愿景随着时间的推移而不断发展。

案例照片

案例

项目名称	项目档案	项目简介

桥下公园
(Underpass Park)

项目地点：多伦多，加拿大

涉及基础设施：伊斯特大道 (Eastern Avenue)，里士满立交桥 (Richimond Overpass)，阿德莱德立交桥 (Adelaide Overpass)

空间类型：高架道路桥荫

占地面积：1.05公顷

桥下空间功能：城市公园

实施情况：一期 (St.Lawrence Street 至 Bayview Avenue) 于 2012年竣工并对外开放，二期 (St.Lawrence Street 以西) 于 2015年竣工并对外开放

项目处于三座立交桥交会的低洼处，在很长一段时间内呈现出荒凉、危险的状态，被乱停车与非法活动占据。随着多伦多西唐社区 (West Don Lands) 振兴计划的推进，桥下空间的改造随之展开，这也是多伦多首个桥下公园。除了将负面空间转变为社区资产以外，桥下公园的建成将原本被高架道路一分为二的社区连接起来，成为一个充满活力的整体。

项目捕捉到了基地现状的潜力——原本沉闷、重复的梁柱结构和由道路交错形成的小型开放空间引导了桥下空间基本框架的形成，桥身起到了重要的防风作用，使公园和户外体育活动能维持全年开放。景观、灯光、城市家具甚至涂鸦都成为场地的重要组成部分，标志性的镜面天花既照亮了桥底空间，也带来了出人意料的空间体验。值得一提的是，桥下公园的动议是由多方联合的公共组织"多伦多滨水"(Waterfront Tronto) 提出的，也是这个团队自2005年以来在滨水地区建设、复兴的第18个公共空间。

项目照片

图片来源: https://www.waterfrontoronto.ca/

3.3 桥下空间更新的启示

第二章中收录了2018年以来在上海完成的部分桥下空间更新案例，这些案例对同类空间使用的普遍需求以及更大范围内城市更新做法都具有借鉴意义，也为项目的操作提供了路径、方法与效果上的参考。与第三章第二节中收录的国际案例结合来看，无论是全球高密度城市中所呈现出的普遍性做法，还是上海实践的独特性经验，都是对中国目前所处的城市发展阶段与空间供需关键问题的回应，更是对未来城市中同类空间更新的启示。

锚定更新需求

城市中往往会存在大量剩余空间，桥下空间是其中的代表类型。但是剩余空间并不意味着必须被完全使用起来，或者是采取中高强度的开发方式。从第二、第三章的案例和采访来看，桥下空间的利用固然为城市界面、生活方式带来直观的改变，但并不意味着所有桥下空间必须以同样的目标和效果为参考，甚至"为了改变而改变"。

从现状出发，充分评估桥下空间所能发挥的作用，正确理解更新需求的迫切性和必要性是项目成功的第一步。例如，更新的目的是提升通行环境和便利度，为周边社区创造公共空间，还是让原本荒废的空间成为值得专程前往的目的地？这些需求直接决定了更新项目的走向，也决定了参与主体、介入方式以及调动资源完全不同。

扩展研究范围

在第二章的采访中，几乎每位设计师都提到了前期研究的必要性，并且将研究范围从桥下空间的基地本身扩展到区域。事实上，在发起桥下空间更新方案征集时，就提出了设计范围与研究范围两个概念。"15分钟社区生活圈"提供了一个非常理想的参考尺度：它既反映了周边居民、使用者的需求与习惯，也反映了步行所及的范围内桥下空间与周边片区的整体关系。苏州河中环桥下空间更新、凯旋南路华富社区、沪闵路（锦江乐园）环境整治等案例都说明了通过理解"15分钟社区生活圈"带来更为清晰的更新导向。

把握更新契机

桥下空间看似是城市中的一个"点"，但是有时这个"点"也与城市中发生的一些"大工程"相关，例如对滨水沿岸空间的整体提升，对高架线路的翻新加固，以及部分基础设施的新建等。在更大的实施项目，更长的规划周期中，以"大工程"带动"小工程"的方式撬动桥下空间，往往能带来更为顺其自然的改观。例如上海近年来实施的"一江一河"苏州河沿线滨水空间贯通工程，就带动了包括武宁路桥桥下空间、中环桥下空间以及凯旋路桥、古北路桥下空间等项目的立项与实施，内环高架路桥上桥下一体化提升的做法带动了"蘑幻森林"的实现等。另一个案例是深圳的"山海连城"计划使得封闭许久的S3广深沿江高速公路下方的桥下空间被重新认识，最终成为连接西湾和前海湾的慢行公共空间。[1]

适度介入设计

桥下空间往往给人以昏暗、嘈杂的印象，因此在处理时更倾向于用明亮、活泼的方式扭转这样的印象。但是，桥下空间也有面临自身的空间限制，例如净高有限，方向单一，场地中有连续结构柱等。这些先天限制条件决定了桥下空间的设计应当优先顺应场地条件，满足使用需求，而不以新奇感作为唯一的评价标准。此外，考虑到城市基础设施的安全性和特殊性，桥下空间往往面临着建造范围有限、设施避让、供电受限、通行安全等具体问题，这些因素是桥下空间更新项目落地的前提，也决定了在一个具体的场地条件下应当采用的有效、适当的设计手段。建成案例的经验总结会成为后续项目的重要参考。

关注生态影响

在第二章收录的上海桥下空间建成案例中，不少设计师谈到对景观植物选择和养护方面的考虑。事实上，高架桥梁及下方空间同样具备丰富生物多样性和营造生态环境的潜力。很长一段时间以来，高架桥的桥面排水问题是各方关注的焦点，它不仅与车辆通行、桥体结构安全息息相关，也是雨水资源的重要来源，能解决高架下绿化浇灌的问题。是否有可能在桥下空间更新中做到水资源就地利用，并且通过合理的设计与说明将这一过程充分地展示出来？在纽约 El-Space、波士顿 Infra-Space 1 和墨尔本的 Toorak LXRP 项目中都提到了对雨水径流的回收再利用处理。同时，不少项目也强调通过种植本地乔灌木的方式，营造符合本地生物种群特征的生态系统，提升生物多样性，可将桥下空间转变为动植物的栖息地。

开展对比记录

除了将城市剩余空间或低效空间充分地利用起来，桥下空间更新往往隐含着另一议题，即以高架桥为代表的基础设施建设影响了一个区域的步行可达性以及商业、公共活动的活跃度，而桥下空间更新很可能成为打破壁垒、重塑街区生活的抓手。第三章第二节中提及了墨尔本平交道口拆除计划，有研究人员针对这个计划进行了长达数年的记录，通过航拍完整地记录了改造前后对比的过程；通过统计商业用地的变化，有力地说明基础设施重构所带来的广泛而持续的正向影响。[2] 这同样给予其他类似的项目以启示：除了桥下空间本身，应当有意识地借助多源数据记录周边区域不同时段、不同人群在行为、活跃度上的变化，并且在这种变化与桥下空间更新之间建立更深层的连接，这也有助于后来者更好地理解桥下空间更新对城市生活可能产生的影响。

探索运营模式

在第二章的设计师采访中，设计师们普遍认为与空间设计相比，推动项目前期立项和探索后期运营模式更为复杂，尤其是运营主体、运营方式和维护方式都可能给改造后的桥下空间带来不确定性。同时，仅有空间是不够的，空间的内容与服务同样重要。目前，上海的这些案例除了以"洛克公园"品牌为代表的桥下体育类场馆的运营模式较为成熟，其他项目的运营和收益方式仍然在探索中。苏州河武宁路桥下的设计师张斌在接受采访时提到，针对桥下空间这一特殊类型，希望能有多元的力量进来共同完成从空间、内容到维护的资源整合。这可能需要制度上的小小突破，但或许会改变完全依靠政府纯投入的现状，激发多元主体的力量"共建、共治、共享"。

公共性的持续讨论

从桥下空间话题的提出至今，始终伴随着对需求、建设、运营的热烈讨论。究其原因，很可能是因为桥下空间释放了一种全新的、未被定义的公共空间的可能。在过去的几年时间中，我们共同见证并且参与了这种新的城市空间类型从无到有，从被忽视到被使用及关注的过程，开始主动思考同类空间或其他剩余空间的更多可能性。这既是基于一类空间的具体探索，通过社会各界的不断讨论，我们同样在推动一种公众讨论习惯和公共话语领域的出现。对于一座人民城市而言，对公共性的探寻是必要的，也是必然的。

注释：

[1] 高架桥下的空间重塑：深圳西湾 - 前海湾慢行公共空间 [EB/OL]. 有方空间，
https://mp.weixin.qq.com/s/xD4yxidxBi639ovT8cLEKQ [2024-08-03]

[2] Abdulrhman M. Gbban 等，"The wider barrier effects of public transport infrastructure: The case of level crossings in Melbourne", Journal of Transport Geography 108: 103554, https://doi.org/10.1016/j.jtrangeo.2023.103554.

附录

上海桥下空间更新项目索引

编号	项目名称	行政区	地址
01	中运量71路公交延安高架路沿线	多个行政区	延安东路外滩至沪青平公路
02	乐活美术馆(昌邑路桥下空间)	浦东新区	昌邑路北洋泾路路口
03	漕运码头微展厅(栖山路桥下空间)	浦东新区	栖山路北洋泾路路口
04	阳光驿站(张杨路桥下空间)	浦东新区	张杨路北洋泾路路口
05	康体乐园(杨高中路桥下空间)	浦东新区	杨高中路，近洋泾港
06	光影走廊(罗山路桥下空间)	浦东新区	罗山路，近洋泾港
07	博山路桥下空间	浦东新区	博山路，近洋泾港
08	锦康路桥下空间	浦东新区	锦康路，近张家浜
09	杨高南路桥下空间	浦东新区	杨高南路，近张家浜
10	竹林路桥下空间	浦东新区	竹林路，近张家浜
11	浦东南路桥下空间	浦东新区	浦东南路，近张家浜
12	金高路桥下空间	浦东新区	金高路，近赵家沟
13	金京路桥下空间	浦东新区	金京路，近赵家沟
14	浦东北路桥下空间改造更新	浦东新区	浦东北路，近赵家沟

涉及基础设施	空间类型	桥下空间的利用方式
延安高架路	高架道路桥荫	公交车道 / 停靠站
昌邑路桥	跨河桥桥荫	亲子空间 / 休闲娱乐
栖山路桥	跨河桥桥荫	休闲娱乐 / 展览展示
洋泾港桥	跨河桥桥荫	休闲娱乐 / 展览展示
杨高中路桥	跨河桥桥荫	运动场所
罗山路桥	跨河桥桥荫	休闲娱乐 / 展览展示
博山路桥	跨河桥桥荫	休闲娱乐
锦康路桥（张家浜北岸）	跨河桥桥荫	通道
杨高南路桥	跨河桥桥荫	运动场所
竹林路桥	跨河桥桥荫	休闲娱乐
浦东南路桥	跨河桥桥荫	休闲娱乐
金高路桥	跨河桥桥荫	运动场所 / 休闲娱乐
金京路桥	跨河桥桥荫	运动场所 / 休闲娱乐
赵家沟大桥	跨河桥桥荫	运动场所 / 休闲娱乐 / 亲子空间

上海桥下空间更新项目索引

编号	项目名称	行政区	地址
15	聚动力河畔球场	黄浦区	卢浦大桥浦西广场，近鲁班路
16	九回运动场世博林市民球场	黄浦区	中山南一路890—1号
17	九回运动场局门路市民球场	黄浦区	鲁班路局门路路口西南角
18	南北高架共和新路桥下空间	静安区	共和新路恒通路路口南侧
19	成都北路南苏州路桥下空间	静安区	成都北路南苏州路路口
20	江宁路桥南驿站	静安区	江宁路桥，近苏州河
21	桥下dance here + 岛	徐汇区	龙腾大道，近张家塘港
22	乐汇小游园	徐汇区	漕溪路120号
23	上海数字文旅中心及桥下空间一体化改造	徐汇区	中山南二路漕溪路路口
24	凯旋南路桥下绿地活化改造	徐汇区	凯旋南路龙田路路口
25	沪闵路(锦江乐园)环境整治项目	徐汇区	沪闵高架路南侧（虹梅路至轨道交通1号线锦江乐园站）
26	Go Parking中山西路三汇路	徐汇区	中山西路三汇路路口
27	Go Parking虹梅南路	徐汇区	虹梅南路，近梅陇港
28	徐汇市政智慧养护基地	徐汇区	沪闵路虹梅路路口西南侧

涉及基础设施	空间类型	桥下空间的利用方式
卢浦大桥（鲁班路段）	跨河桥桥荫	运动场
内环高架路	高架道路桥荫	运动场
卢浦大桥	跨河桥桥荫	运动场
南北高架路（恒通路以南，苏州河以北）	跨河桥桥荫	运动场所 / 休闲娱乐 / 亲子空间
南北高架路	高架道路桥荫、跨河桥桥荫	通道
江宁路桥（苏州河以南）	跨河桥桥荫	休闲娱乐 / 公共卫生间 / 展览展示
龙腾大道	跨河桥桥荫	休闲娱乐 / 广场
内环高架路（漕溪北路段）	高架道路桥荫	休闲娱乐 / 亲子空间 / 生态课堂
内环高架路、轨道交通3号线	高架道路桥荫、高架轨道桥荫	绿地广场 / 公交车枢纽
轨道交通3号线（漕溪路站以南段）	高架轨道桥荫	绿地广场
沪闵高架路（虹梅路地道口至锦江乐园站）、中环高架路	高架道路桥荫及围合空间	通道 / 非机动车停车
内环高架路	高架道路桥荫	停车
中环高架路	高架道路桥荫	停车
沪闵高架路（虹梅路段）	高架道路桥荫	智能巡查 / 实训基地 / 应急保障 / 展览展示

上海桥下空间更新项目索引

编号	项目名称	行政区	地址
29	上中西路道班基地	徐汇区	中环路虹梅南路高架立交
30	苏州河中环桥下空间更新	长宁区	北翟路72号
31	新虹桥中心花园及洛克公园	长宁区	延安西路2238号，近娄山关路
32	凯旋路桥下空间更新	长宁区	凯旋路万航渡路路口
33	古北路桥下空间更新	长宁区	古北路长宁路路口
34	苏河超级管	长宁区	江苏北路万航渡路路口
35	淞虹路桥下空间	长宁区	淞虹路桥，近中新泾公园
36	长宁外环生态绿道桥下空间	长宁区	外环生态绿道内
37	剑河路桥下空间更新	长宁区	剑河路北翟路路口
38	延安西路安西路桥下空间	长宁区	延安西路安西路路口
39	洛克中环篮球公园	普陀区	真北路云岭西路路口以南
40	苏州河武宁路桥下驿站	普陀区	光复西路武宁路路口
41	江宁路桥北驿站	普陀区	江宁路桥，近苏州河
42	九回运动场四川北路市民球场	虹口区	虬江路宝通路路口

涉及基础设施	空间类型	桥下空间的利用方式
中环路虹梅南路高架立交	高架道路桥荫	市政用房 / 展览展示
中环高架路（北翟路段）、北翟高架路	高架道路桥荫及围合空间	运动场 / 市政用房 / 滨水步道
延安高架路（新虹桥中心花园段）	高架道路桥荫	入口广场 / 停车场 / 运动场
凯旋路桥（苏州河南岸）	跨河桥桥荫	运动场所 / 亲子空间 / 休闲娱乐
古北路桥（苏州河南岸）	跨河桥桥荫	运动场所 / 亲子空间 / 休闲娱乐
江苏北路桥（苏州河南岸）	跨河桥桥荫	通道 / 休闲娱乐
淞虹路桥	跨河桥桥荫	通道
多座	跨河桥桥荫、高架道路桥荫	通道 / 停车
剑河路桥	跨河桥桥荫	停车
延安高架路	高架道路桥荫	通道
中环高架路（云岭西路以南、苏州河以北）	高架道路桥荫	运动场
武宁路桥（苏州河以北）	跨河桥桥荫	咖啡馆 / 休息室 / 公共卫生间 / 展厅 / 城市看台
江宁路桥（苏州河以北）	跨河桥桥荫	公共卫生间
轨道交通3号线	高架轨道桥荫	运动场

上海桥下空间更新项目索引

编号	项目名称	行政区	地址
43	江杨南路立交桥桥下空间	虹口区	江杨南路立交桥，近丰镇路
44	蘑幻森林	杨浦区	中山北二路政本路路口西侧
45	杨浦大桥公共空间与综合环境工程	杨浦区	杨树浦路宁国路路口
46	杨浦中环桥下空间	杨浦区	中环军工路立交桥
47	杨浦内环桥下空间品质提升项目(北段)	杨浦区	内环桥下 (密云路至四平路)
48	杨浦内环桥下空间品质提升项目(南段)	杨浦区	内环桥下 (长岭路至杨树浦路)
49	丰翔童空间	宝山区	丰翔智秀公园内
50	宝山科创1号湾桥下空间	宝山区	共和新路，近蕰藻浜
51	临港新业坊·源创全球科创示范区	宝山区	逸仙路1328号，近殷高西路
52	吴淞大桥桥下空间	宝山区	逸仙路，近蕰藻浜
53	浦星公路东侧绿道	闵行区	浦星公路东侧（联航路至沈杜路）
54	彩虹通道	嘉定区	佳通路，轨道交通南翔站附近
55	G1503文翔路桥下空间	松江区	G1503文翔路
56	火星村G15沈海高速高架桥下空间	青浦区	华新镇火星村，李更巷路近凤溪塘

涉及基础设施	空间类型	桥下空间的利用方式
江杨南路立交桥	高架道路桥荫	运动场所 / 休闲娱乐
内环高架路（中山北二路段）	高架道路桥荫	运动场所 / 亲子空间 / 市政设施
杨浦大桥	跨河桥桥荫	绿地广场
中环高架路（军工路立交桥）	高架道路桥荫	运动场 / 休闲娱乐
内环高架路 （密云路至四平路）	高架道路桥荫	休闲娱乐 / 绿地广场
内环高架路 （长岭路至杨树浦路）	高架道路桥荫	休闲娱乐 / 绿地广场
丰翔路二号桥	跨河桥桥荫	休闲娱乐 / 亲子空间
共和新路高架路	高架道路桥荫、跨河桥桥荫	绿地广场 / 运动场地 / 公交车站 / 露天美术馆
轨道交通 3 号线 （殷高西路站以南段）	高架轨道桥荫	绿地广场
吴淞大桥	高架道路桥荫、高架轨道桥荫	休闲娱乐 / 通道
轨道交通 8 号线	高架轨道桥荫	绿道 / 休闲娱乐 / 运动场
沪嘉高速、轨道交通 11 号线	高架道路桥荫、高架轨道桥荫	通道
G1503 上海绕城高速高架路	高架道路桥荫	运动场所 / 休闲娱乐
G15 沈海高速高架路	高架道路桥荫	运动场所

本索引中项目时限截至：2024 年底已建成投入使用

2018年参赛情况

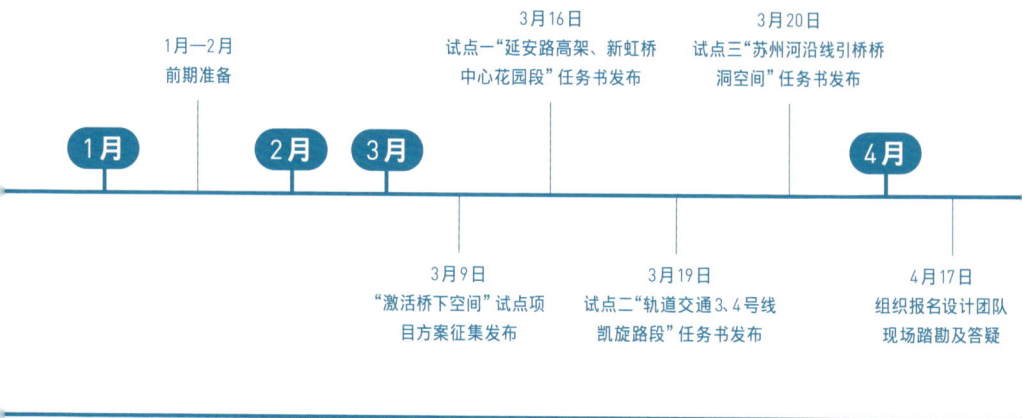

1月—2月
前期准备

3月16日
试点一"延安路高架、新虹桥中心花园段"任务书发布

3月20日
试点三"苏州河沿线引桥桥洞空间"任务书发布

1月 **2月** **3月** **4月**

3月9日
"激活桥下空间"试点项目方案征集发布

3月19日
试点二"轨道交通3、4号线凯旋路段"任务书发布

4月17日
组织报名设计团队现场踏勘及答疑

终评现场
地址：上海设计中心南馆

试点一

试点二

试点三

评审专家

上海市城市规划设计研究院原总工程师　苏功洲

上海林同炎李国豪土建工程咨询有限公司所长　毛项杰

上海扎柯空间设计有限公司总建筑师　吴怀国

翡世景观合伙人、设计总负责　潘山

上海市隧道工程轨道交通设计研究院建筑所所长　杨雷

上海天华建筑设计有限公司天华规划总师　郑科

6月
试点一、二、三
初评入围方案

7月2日
试点一
终评汇报

7月17日
试点优胜、优秀
方案公布

5月　　　　　　　**6月**　　　　　　　**7月**

5月15日
成果提交

6月15日
试点三
终评汇报

7月10日
试点二
终评汇报

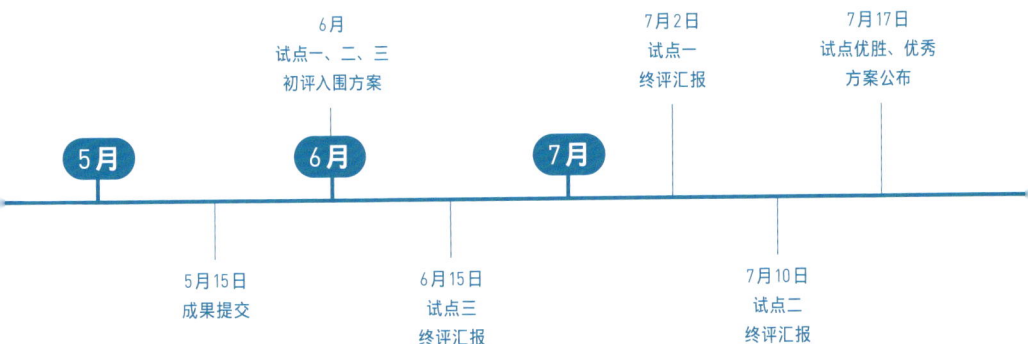

入围方案及团队

试点一（6个）

14号　上海集合建筑设计咨询有限公司
15号　上海本义建筑设计有限公司
27号　冶是建筑工作室
46号　徐凯艳、周甜美
53号　上海歆卉景观设计有限公司
61号　孙巍、周腾

试点二（6个）

9号　　方焜、汤宏博、李叶影、张颖
30号　冶是建筑工作室
33号　徐晨鹏
47号　孙小暖, Matthew Bunza、麦子丰、
　　　宋斌
69号　贺一川（Michael He）、
　　　林名谦（Jeffrey Lam）
82号　WorkshopXZ

试点三（6个）

6号　　刘昌铭、王耀萱、朱力辰
19号　冶是建筑工作室
29号　徐磊青、姚梓莹、曹子健、
　　　陈晨等师生团队
39号　上海道辰建筑师事务所
47号　符骁、黄立群、刘艳艳、姚兴
54号　Saturday&Sunday团队

优胜、优秀方案及团队

试点一

优胜方案

53号　上海歆卉景观设计有限公司
　　　"桥下·新所"

优秀方案

27号　冶是建筑工作室
　　　"重塑空间性格"

61号　孙巍、周腾
　　　"城市活力之路与温暖驿站"

试点二

优胜方案

82号　WorkshopXZ
　　　"全时多元空间"

优秀方案

30号　冶是建筑工作室
　　　"超级跑道"

69号　贺一川（Michael He）、
　　　林名谦（Jeffrey Lam）
　　　"活用公园"

试点三

优胜方案

54号　Saturday&Sunday团队
　　　"糖苏河"

优秀方案

6号　　刘昌铭、王耀萱、朱力辰
　　　"城市脉动"

47号　符骁、黄立群、刘艳艳、姚兴
　　　"全民舞台计划"

2018年参赛情况

方案提交情况

报名数 **265**

提交数 **94**　　　　试点一提交数 **32**　　　试点二提交数 **39**　　　试点三提交数 **23**

参赛者身份

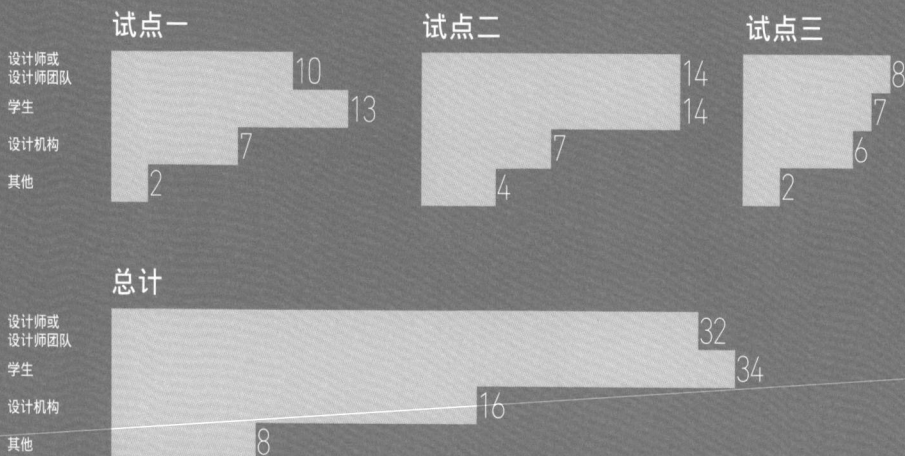

试点一

设计师或设计师团队	10
学生	13
设计机构	7
其他	2

试点二

设计师或设计师团队	14
学生	14
设计机构	7
其他	4

试点三

设计师或设计师团队	8
学生	7
设计机构	6
其他	2

总计

设计师或设计师团队	32
学生	34
设计机构	16
其他	8

参赛者专业背景

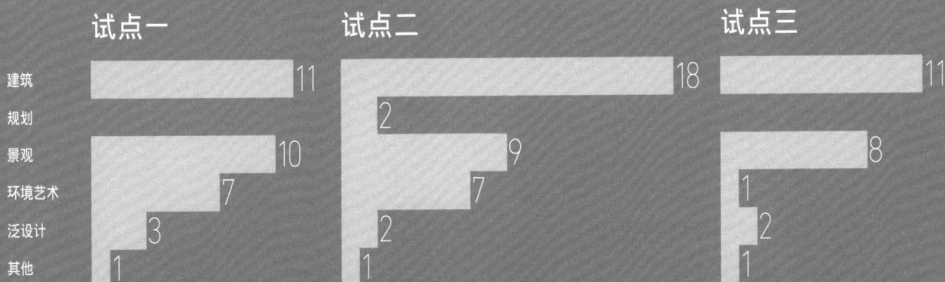

试点一　　　　试点二　　　　　　　　　试点三

	试点一	试点二	试点三
建筑	11	18	11
规划		2	
景观	10	9	8
环境艺术	7	7	1
泛设计	3	2	2
其他	1	1	1

参赛团队人数规模

试点一　　　　试点二　　　　　　　　　试点三

	试点一	试点二	试点三
单人	11	14	3
双人	12	3	2
三人及三人以上	9	21	18

各设计团队提出的功能及关心的议题

城市家具

模块化

公共空间

人车分流

视觉引导

停车装置

社区服务

商业运营

运动场地

餐饮休闲

硬地铺装

景观种植

复合利用

交通组织

功能业态

环境提升

评审专家关心的议题

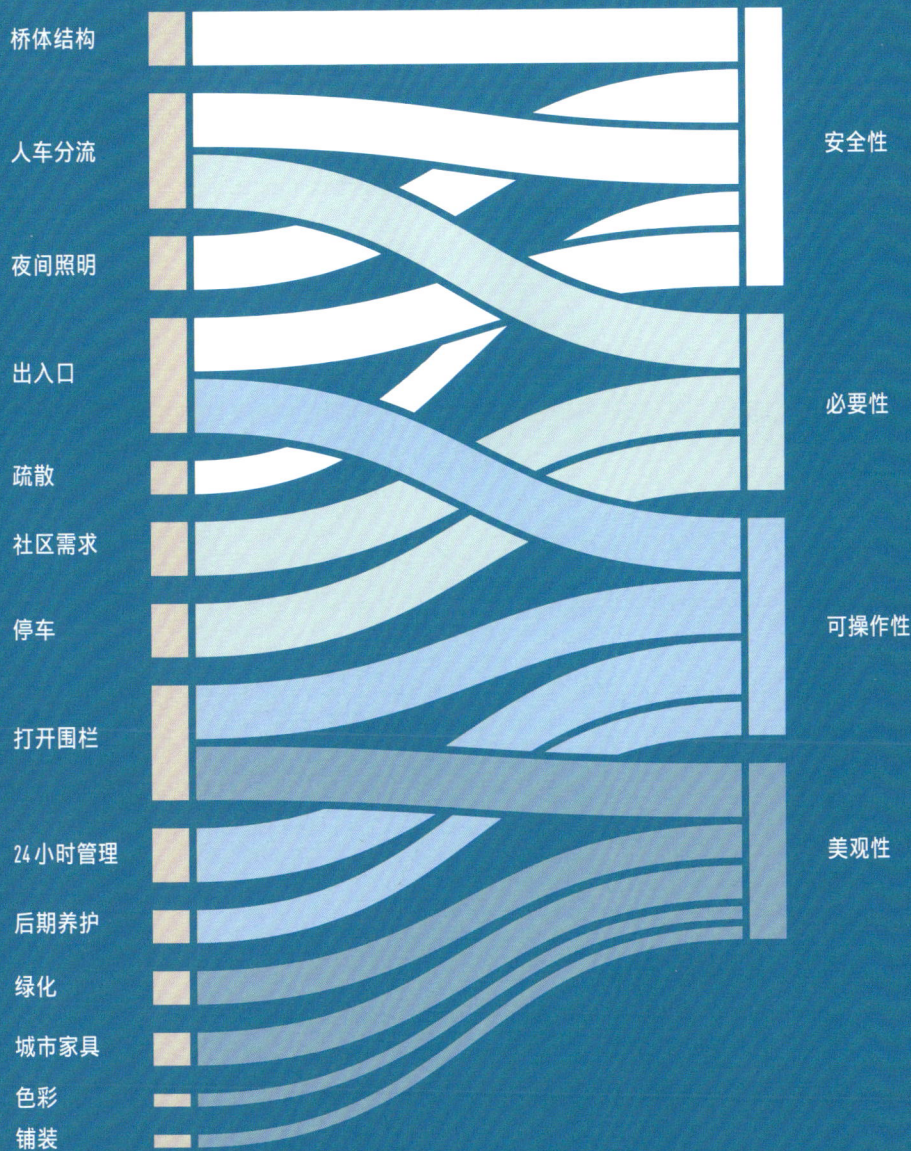

桥体结构

人车分流

夜间照明

出入口

疏散

社区需求

停车

打开围栏

24小时管理

后期养护

绿化

城市家具

色彩

铺装

安全性

必要性

可操作性

美观性

2019年参赛情况

2018年12月—2019年4月
前期准备

6月14日
"激活桥下空间"试点项目方案征集发布

6月18日
试点一"虹口区轨道交通3号线虹口足球场站桥下空间"任务书发布

| 12月 | 4月 | 5月 | 6月 |

6月18日
试点二"普陀区苏州河引桥桥洞空间（古北路桥和祁连山南路桥）"任务书发布

6月18日
试点三"徐汇区轨道交通3号线宜山路桥下空间"任务书发布

终评现场
地址：上海设计中心南馆

试点一

试点二

试点三

评审专家

同济大学建筑系教授，博士生导师　华霞虹

梓耘斋建筑事务所主持设计师　童明

上海市数字城市规划研究中心主任　奚文沁

上海营邑城市规划设计股份有限公司总工、徐家汇街道社区规划师　曹晖

上海大学美术学院建筑系副教授，硕士生导师　林磊

上海应用技术大学水利工程学院副教授　陈青长

瑞士PLAYZE建筑设计事务所创始合伙人，欧阳路街道社区规划师　何孟佳

上海同济城市规划设计研究院二所副总工程师　陆勇锋

上海同济城市规划设计研究院二所景观负责人　朱弋宇

7月8日
书面答疑

8月
试点一、二、三
初评入围方案

8月26日
试点三
终评汇报

8月31日
试点优胜、优秀
方案公布

7月 **8月**

8月5日
成果提交

8月22日
试点一终评汇报
试点二终评汇报

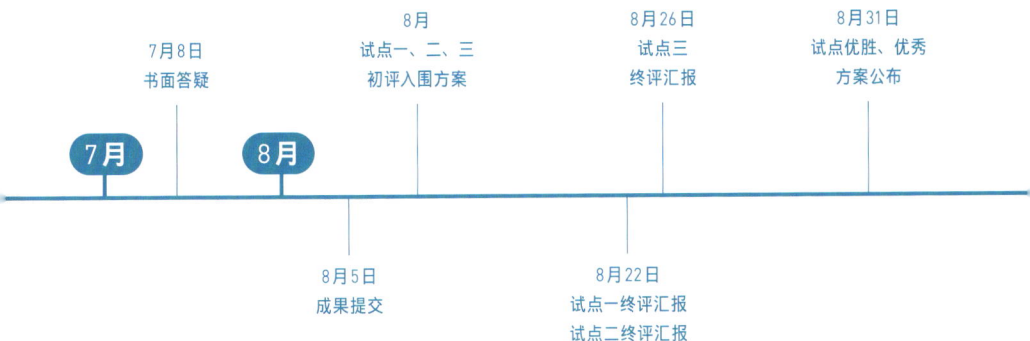

入围方案及团队

试点一（7个）

124号 姜齐冰、蒋琏、秦颖
106号 黄凯、刘裕辰
134号 苏婷、张葳
122号 Nico Leferin、曹正华、王琪
116号 高阳、黄俊瑜、喻桥苹、白海琦
121号 陈诺
136号 孙唯

试点二（5个）

218号 SATUN（卅吞团队）
　　　黄晓晨、潘彦芹、温婧、李寒、
　　　屈明宇、胡梦霞、赵博
211号 陈述鹏、郭懿
212号 吴龙峰、苏舜匡、何洁茹、闵冠
235号 孙巍、周腾、周俊汝
225号 陆益、钱俊、王敏

试点三（6个）

322号 林轶南、怀露、刘艾、杨嘉妍
306号 顾济荣、沈懿荣、朱静、周丰
304号 陈伟、郭文龙、王康、徐维祥、
　　　袁燕琪
303号 张婷、徐颖
313号 陈乐、石明雨
319号 黄瑞勤、单超、许文涛、靖振奇、
　　　张亚欣、孙芳

优胜、优秀方案及团队

试点一

优胜方案
124号 姜齐冰、蒋琏、秦颖
　　　"补光·捕光"

优秀方案
106号 黄凯、刘裕辰
　　　"彩鞠的世界"

试点二

优胜方案
218号 WorkshopXZ
　　　"糖苏河2.0"

优秀方案
211号 陈述鹏、郭懿
　　　"蓄能行走"

试点三

优胜方案
322号 林轶南、怀露、刘艾、杨嘉妍
　　　"赋色宜山"

优秀方案
306号 顾济荣、沈懿荣、朱静、周丰
　　　"印象·宜山"

2019年参赛情况

方案提交情况

报名数 **100**

提交数 **37**　　试点一提交数 **16**　　试点二提交数 **12**　　试点三提交数 **9**

参赛者身份

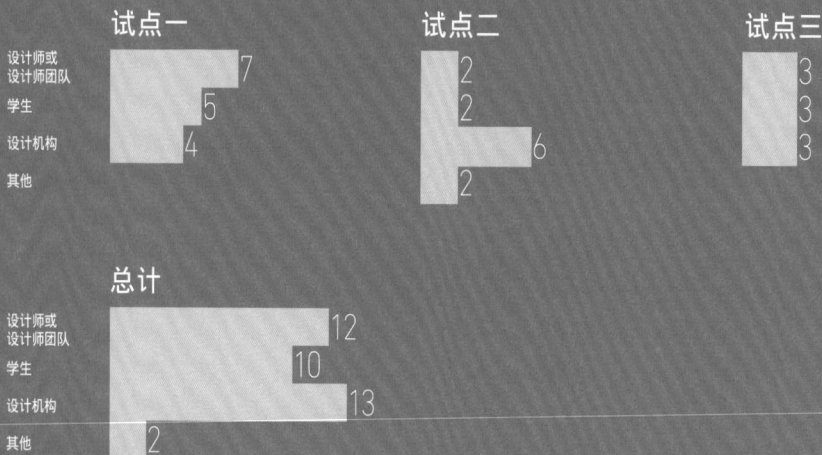

试点一

设计师或设计师团队	7
学生	5
设计机构	4
其他	

试点二

2
2
6
2

试点三

3
3
3

总计

设计师或设计师团队	12
学生	10
设计机构	13
其他	2

参赛者专业背景

试点一　　　　　　　试点二　　　　　　　试点三

建筑
规划
景观
环境艺术
泛设计
其他

参赛团队人数规模

试点一　　　　　　　试点二　　　　　　　试点三

单人
双人
三人及
三人以上

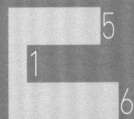
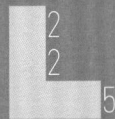

各设计团队提出的功能及关心的议题

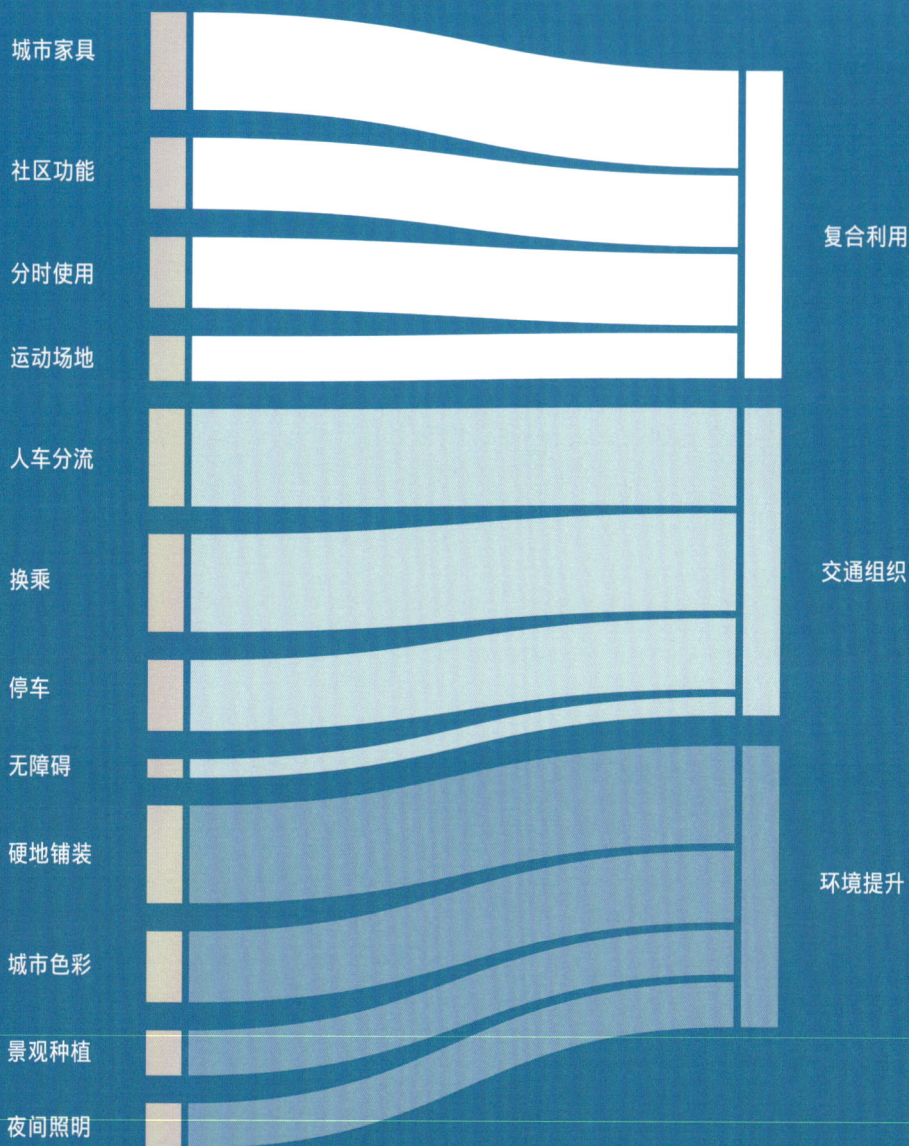

城市家具

社区功能

分时使用

运动场地

复合利用

人车分流

换乘

停车

交通组织

无障碍

硬地铺装

城市色彩

景观种植

夜间照明

环境提升

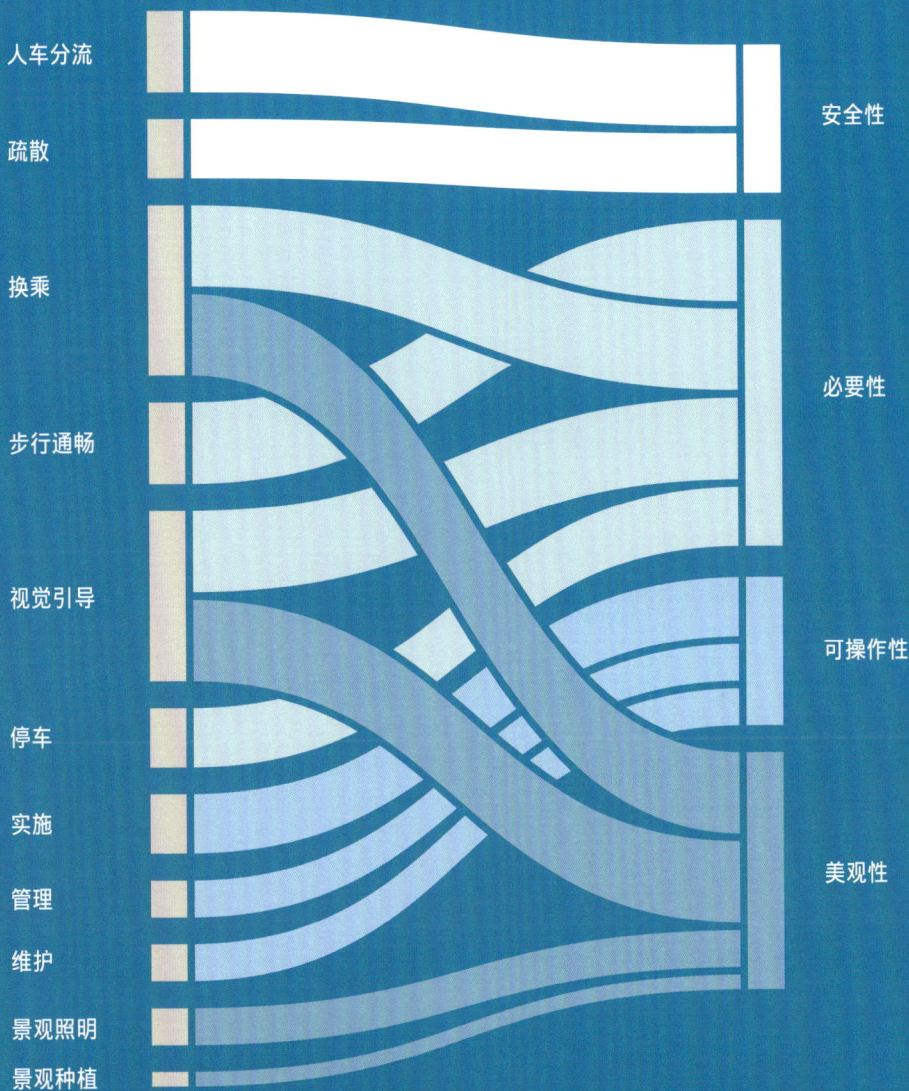

评审专家关心的议题

人车分流
疏散
换乘
步行通畅
视觉引导
停车
实施
管理
维护
景观照明
景观种植

安全性
必要性
可操作性
美观性

2018年试点一获奖方案：长宁区延安路高架新虹桥中心花园段

奖项	方案名称	设计团队	设计说明
优胜方案	桥下·新所	上海歆卉景观设计有限公司 张霖霏、吴丹子遇明歌、李鑫	设计团队从交通、人流、功能和绿化等方面对基地进行细致研究：项目地块位于延安高架的关键节点，存在着具有潮汐性的纵向通勤人流与横向休闲人流。沿延安路的遮蔽型绿化过多，植被单一，桥下元素与桥体缺乏联系，需要让立面变得通透。 方案希望将桥转变为一个绿色的基础设施，让它融入市民生活。为应对人车矛盾，方案对停车场进行重新划分，将车行入口向东微移，使得人行空间更加开阔完整。在腾出入口空间后，用点线面结合的手段，运用绿植带的有机线条以及色块与铺装，重新定义入口广场与轴线。方案对既有建筑部分外观进行提升改造，并参考人流方向，通过建筑的体量划分出公共广场、运动场、餐饮区、展示空间等多种功能空间，从而将桥下空间转换为一个充实、丰富的空间，重新展现在延安路上。
优秀方案	重塑空间性格	冶是建筑工作室 李丹锋、周渐佳钟易岑	设计团队认为在这样具有公共性、开放性的桥下空间，应当思考如何通过设计，重新塑造空间个性。在对现状做出分析之后，提出单独开设车行入口，并减少两跨柱距的停车位释放空间给其他活动。由此，设计由西至东形成"体育场地一中心广场一停车区域"三个主要空间，中心广场两侧是多功能活动区域，适应不同规模的活动。设计以鹅卵石形状铺满整个场地，既标识出活动区域，也快速建立起对整体空间的认知。这样的做法同样适用于现有的建筑。 通过空间梳理，设计明确了进入公园、活动场地路径以及经由管理用房进入体育活动区域的不同路径，更加利于 24 小时开放的管理需求。方案也设想在入口广场留出空间，每个季度策划与艺术家合作创作不断变化的形象效果，在软件、硬件两个方面对场地进行更新。
优秀方案	城市活力之路与温暖驿站	孙巍、周腾	方案从空间中穿越路径出发，在人们回家的必经之路上，重塑城市的运动场地，改变原有消极的状态，为桥下空间带来更高的兼容度。 方案重新划分桥下空间，设计呈现"一核两翼"模式：活力之路起到停留、集散、连接的作用，为运动场地提供更多空间；核心区域是多元与共建，增设环卫工人之家体现人文关怀；与活力之路对应的展览之路，是核心区域的延伸，也与国际展览中心发生呼应，丰富公园功能。空间整体铺地采用彩色沥青，既控制成本，也给灰暗的桥下带来温暖的色彩。

方案图纸

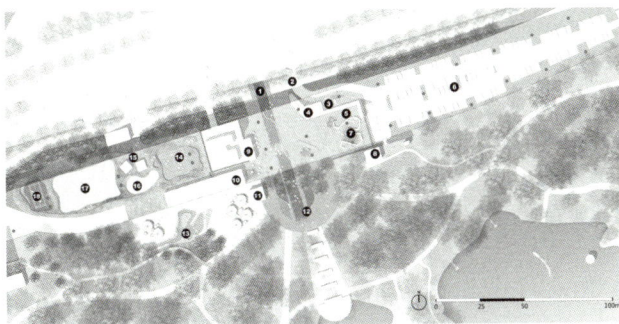

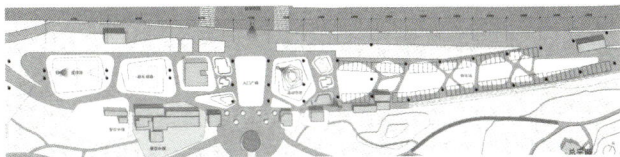

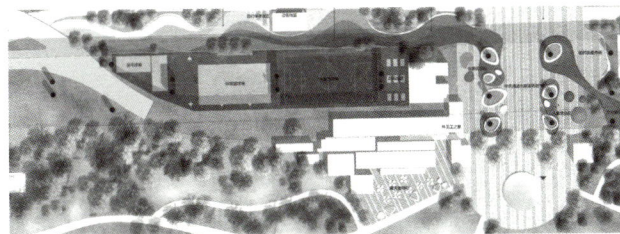

2018年试点二获奖方案：长宁区轨道交通3、4号线凯旋路段

奖项	方案名称	设计团队	设计说明
优胜方案	全时多元空间	WorkshopXZ 曹子劼、武欣	设计团队从功能策划与场地规划的角度切入，在前期就考虑管理维护的模式，通过调研以通勤人流作为重点考虑的对象，并兼顾关怀人群的多样需求：通勤人员需要自行车停放与地铁换乘；白领需要休息空间；周边的居民更在意步行系统的连续性，而购物人群需场地形成的氛围。 方案考虑分南端和北端两期分开实施。北端最直接的动作是调整现状停车区域位置，形成集散广场同时促发一系列场地的调整与置换，通过一条慢跑道连接南北，穿插多种服务功能，有中山公园的游客中心和便民服务亭，有供白领与外卖人员错峰共享的午餐空间，有增设的非机动车停车区域、机动车停车区域与周末市集的复合利用等。南端的环卫设施改造，保留原有建筑，整合大台阶进行设计，为环卫工人休息和停车提供充裕的场地。
优秀方案	超级跑道	冶是建筑工作室 李丹锋、周渐佳 岑枫红	设计团队认为基地的最重要环境是中山公园商圈，将周边的办公人群和商圈人群视作主要服务对象，也是重新定义场地性质的契机，对人流的疏导则是场地主要设计目标。 方案提出应在桥下空间创造一种反差的情境：让白领在午休或者下班后能有场景和行为上的切换。因而提出"超级跑道"的概念——两个长约400米的跑道/步道环绕场地，跑道围绕出的岛状空间作为基地两端的集散广场疏导人流，运用线性元素化解现状地形高差，并延续到南侧的市政用房提升方案中。建议在场地中增设售卖生鲜水果的自动售货机和快递柜，方便人群上下班时使用。
优秀方案	活用公园	贺一川 (Michael He)、 林名谦 (Jeffrey Lam)	设计团队非常重视面向社区的基地中研究使用者的偏好与需求。方案核心是灵活、自由的空间和功能，构筑"留白"的场所向使用者开放，用真切的体验来调整设计，让人们愿意驻足其中。 规划设计是可以被测试与被迭代的——经过一段时间的尝试和自由组织，场地中的设施——可移动的椅子、城市家具，会逐渐调整到最适宜的状态，以此定义这个空间。同样，场地中的绿化与景观也是开放的，允许人们从各个方向进入，由行人选择的最佳通道。总体来说，方案为探索行为提供了一个"框架"，允许使用者而非设计者来定义这个空间，体现居民的真正需求。

方案图纸

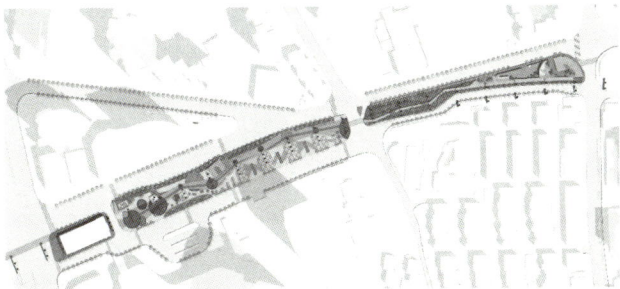

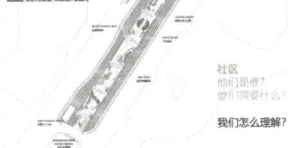

2018年试点三获奖方案：长宁区苏州河沿线引桥桥洞空间

奖项	方案名称	设计团队	设计说明
优胜方案	糖苏河	SATUN 卅吞团队 黄晓晨、潘彦芹、李寒、温婧、屈明宇	设计师借用"超马路"（上海话"逛街"）把人们带回旧时一种慢慢走的轻松姿态体验苏州河，让步履匆匆的城市人也能抽空享受慢时光。"超"与"糖"同音，以糖为设计主题在苏州河的一系列跨河引桥的桥下空间藏了各种各样的糖果盒子。空间体验如同糖果一般给人慰藉，让人从糖分中吸取能量再次重新出发。 方案将苏州河跨河引桥的桥下空间归类为市政服务段、桥底体验段、沿河补给段（由桥起坡为起点至河岸为终点）等三个标准段进行系统化改造，又根据各个桥底不同性格赋予不同的色彩，给每座桥定制专属的糖果盒子。古北路桥以红色三角彩钢为元素，创造一个富有活力的公共空间。凯旋路桥以圆形彩钢与柠檬黄色为设计元素，分别加入了艺术展览、运动休闲、亲子娱乐等功能。富有冲击力的"糖果盒子"为桥下空间带来了新的体验方式，使原有的消极空间重新走进了人们的生活。
优秀方案	城市脉动	刘昌铭、王耀萱、朱力辰	方案以激活桥下空间为目标，尝试将被打断的空间连接起来。两座桥的使用者有所差异：凯旋路桥下空间服务社区居民，呈现出近人的社区尺度，古北路桥则是更为宽阔的城市尺度。针对不同尺度空间采用半围合或围合的策略，通过格栅、围墙的使用，让消极空间转变为可使用的空间，也放大了对声音的感知，让使用者能感受到城市中的律动。
优秀方案	全民舞台计划	符骁、黄立群、刘艳艳、姚兴	设计团队以"全民舞台计划"为概念，重建人与苏州河的关系，成为大家的舞台。威宁路桥为生活舞台，用连续步道串联通行，两侧设置活力点设置便民服务。凯旋路桥设计一个派对亭提供休闲娱乐场所，让每个人都在这里找到属于自己的活动与归属感。

方案图纸

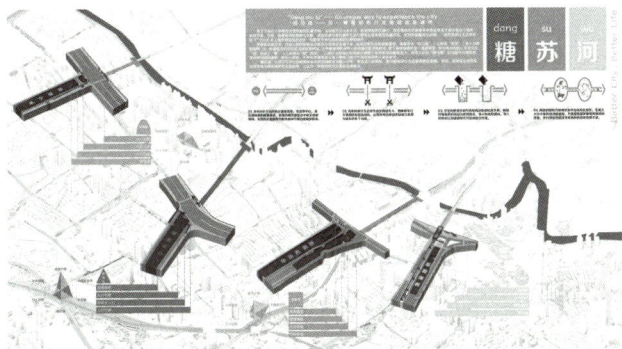

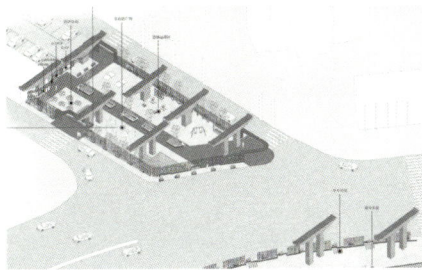

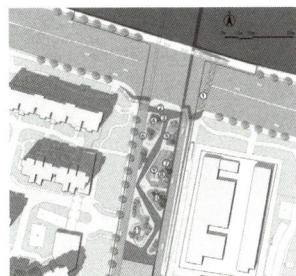

2019年试点—获奖方案：虹口区轨道交通3号线虹口足球场站

奖项	方案名称	设计团队	设计说明
优胜方案	补光·捕光	姜齐冰、蒋琏、秦颖	设计团队提出需要解决人车流线交织、等候空间局促、缺乏标识引导等问题。首先，南侧从3号出入口下来后多次穿越车道才能到达人行道，十分不便；第二，北侧出入口使用频率低，离居民楼近，下方公交等候区局促；最后，从城市的角度出发，轻轨站本身的定位和标识都比较混乱，应考虑做整体调整。 综上分析，方案对南北区采取不同的更新策略：南侧出入口的楼梯跨过现有非机动车道落在中岛上，中岛加宽作为人流缓冲，在端头设置驿站；调整北区楼梯段的距离和位置，减少对居民楼的影响，并形成更舒适的公交等候空间；此外，对区域的整体颜色、标识引导、楼梯扶梯、桥下照明的设置也做了相应的设计。
优秀方案	彩鞠的世界	黄凯、刘裕辰	设计团队提取与足球历史相关的"彩鞠"作为主要视觉元素，以此强化场地特质。设计团队提出场地内的九个实际问题，例如，如何改善轨道交通3号线3、4号口进出站步行系统的安全性？如何提高地下、地面换乘步行系统的便利？以及如何保障大型赛事的人流疏散的安全？等等。 方案有意识地组织人流，调整斑马线位置使之更符合人流穿越的习惯，针对人流穿越非机动车道和机动车道的现状重新整理动线，补齐配套设施，增设引导大型赛事散场的闸机。

方案图纸

奖项	方案名称	设计团队	设计说明
优胜方案	糖苏河 2.0	SATUN 卅吞团队 黄晓晨、潘彦芹、温婧、李寒、屈明宇、胡梦霞、赵博	SATUN 团队 2019 年提交的方案延续了 2018 年的主题——以色彩和气味建立桥下空间的标识感，但是基于实施的经验，对概念做了提升。在设计概念中保留了桥下停车场作为弹性空间，结合苏州河步道的特征提供服务，并且进一步扩大桥下的服务区域。 古北路桥延续了南岸的红色系，由北向南分别是停车场、司机能量补给站、游乐场地和落客区，结合能量补给站设立了垃圾回收区，桥下与滨水的游乐场地以蜜桃色的秋千作为主题。祁连山南路桥下空间布局与前者类似，由北向南依次是停车场、补给站、落客区，特别的是由于滨河区域空间充裕，集中设置了有一定规模的健身场地，选择清爽的薄荷绿色作为对该区域内绿化不足的补充。
优秀方案	蓄能行走	陈述鹏、郭懿	方案的重点是希望通过铺装易操作、有趣味的发电压电片来改变两座桥下封闭的现状，只有空间的改善与明亮才能提高空间的利用率、改善周边居民的社区生活。设计依靠蓄能绿道来组织交通流线，磁场作为绿化景观，服务设施收集行走充电，以此带动周边区域，将桥下空间变成对居民更有吸引力的休闲场所。

方案图纸

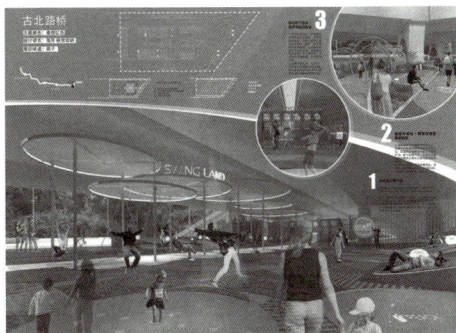

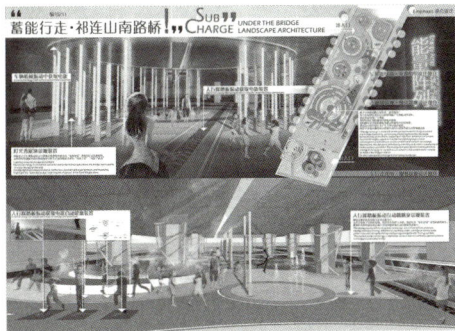

2019 年试点三获奖方案：徐汇区轨道交通3号线宜山路站桥下空间

奖项	方案名称	设计团队	设计说明
优胜方案	赋色宜山	林轶南、怀露、刘艾、杨嘉妍	设计团队用颜色来标识场地内的各种交通流线、停车问题，提出了"混色—去色—赋色—增色"这套从场地分析到设计策略的整体概念。设计团队对出入口使用时段、车辆停放数量等做了非常细致的统计与记录，认为交通是站点面临的首要问题。现状中流线冲突无序，但有明显的潮汐性；停车缺乏体系，共享单车、电瓶车在上下班高峰时呈相反趋势；且交通方式混杂。以上记录也是第一步"混色"描述的由来。 相应的"去色"策略是重新划分不同类型的停车区域，用充电设施引导电瓶车、自行车分开停放。在"赋色"的过程中整理场地，拓展空间，消除高差，用3、4、9号线颜色引导乘坐不同线路的人群。最后用铺装、景观、城市家具、商业设施为桥下空间"增色"。
优秀方案	印象·宜山	顾济荣、沈懿荣、朱静、周丰	设计的视野从大范围——文定坊逐渐聚焦到宜山路站桥下空间本身：首先，这里是文定坊商圈的门户；其次是建材集中的区域，在材质上有鲜明的印象；最后是基地自身的现状。这些问题造成了宜山路站凌乱无序的城市印象，也是方案所力求改变的。 设计建议把宜山路、凯旋路交叉口一同纳入考虑的范畴，形成门户式的城市定位。接着重新梳理周边非机动车区域与地铁出入口、行人流线的关系，优化慢行系统和步行流线。对现有出地面的风井设施和地铁出入口加以改造，通过外包镜面不锈钢等材料使之变成公共艺术品。在改造南北两个广场时引入景观设计和建材展示，形成有特色的城市空间。

方案图纸

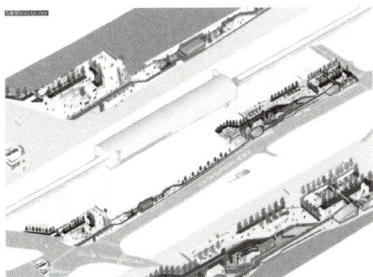

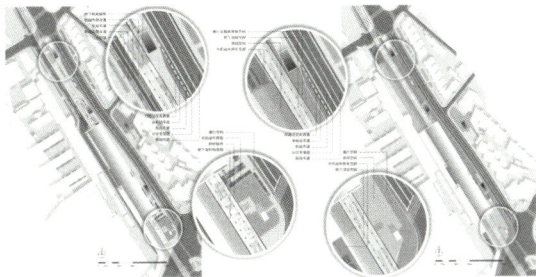

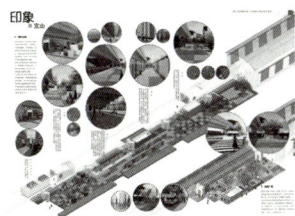

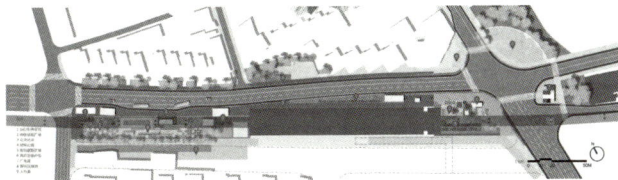

特别鸣谢（按书中出现顺序排序）

所有为图书提供帮助的合作伙伴：

上海翡世景观设计咨询有限公司　潘山　潘晶

卅吞设计　黄晓晨

旭可建筑设计有限公司　刘可南

同济大学　高长军

梓耘斋建筑设计咨询有限公司　童明　黄潇颖

上海智慧湾投资管理有限公司　朱丽

波士顿国际设计　唐栩

格吾景观设计工程（上海）有限公司　顾济荣　沈懿荣

致正建筑工作室　张斌

上海思卡福建筑科技有限公司　戈苹

上海秉仁建筑师事务所　马庆祎　黄立妙

京都大学　郑海凡

秋山隆浩建筑设计事务所　秋山隆浩

Design Trust for Public Space

Margie Ruddick Landscape

Landing Studio

以及所有参与2018-2019年"激活桥下空间"试点方案征集的团队

图书在版编目 (CIP) 数据

桥下空间更新的上海实践 / 上海市城市规划设计研究院，冶是建筑著 . -- 上海 : 文汇出版社，2025. 5.

ISBN 978-7-5496-4426-1

Ⅰ . TU984.251

中国国家版本馆 CIP 数据核字第 2025PR8436 号

桥下空间更新的上海实践

指　　导 / 上海市规划和自然资源局
著　　作 / 上海市城市规划设计研究院、冶是建筑
策　　划 / 赵宝静　王明颖　陈　敏
编写人员 / 陈　敏　周渐佳　李丹锋　叶之凡

责任编辑 / 陈　屹
美术编辑 / 张　晋
设　　计 / 七月合作社
制　　图 / 冶是建筑

出 版 人 / 周伯军

出版发行 / **文匯**出版社

　　　　　 上海市威海路 755 号

　　　　　 （邮政编码 200041）

经　　销 / 全国新华书店
印刷装订 / 上海颛辉印刷厂有限公司
版　　次 / 2025 年 5 月第 1 版
印　　次 / 2025 年 5 月第 1 次印刷
开　　本 / 890×1240　1/32
字　　数 / 220 千
印　　张 / 8

ISBN 978-7-5496-4426-1
定价 / 80.00 元